# 人工智慧

## 塑造未來的力量

從科幻到現實，重塑工業、社會與倫理的全景觀察

楊愛喜，卜向紅，嚴家祥 著

探索 AI 起源，從圖靈到現代技術突破
深入分析 AI 在日常生活中的廣泛應用

模仿與超越人類智慧的能力所帶來的倫理、社會和經濟挑戰……
AI 發展並非單一國家或企業的競賽，而是一個全球性的合作和競爭過程！

# 目錄

# 序 人工智慧時代，誰主沉浮？

　　IBM 公司在商用人工智慧領域進行了廣泛的探索，基於 Watson 系統，IBM 公司正在力圖打造全面覆蓋的人工智慧商用網路。

　　而以 Google 公司為首的科技大廠，在語音辨識、圖像辨識、深度學習等技術方面，已經取得了顯著的成績。智慧語音辨識系統和圖像辨識系統將會對人類生活產生翻天覆地的變化，深度學習技術的應用在將會使智慧機器越來越接近人類，甚至在許多領域之中超越人類。

　　從人工智慧的發展歷史，到人工智慧的核心技術，再到現階段人工智慧發展的現狀，這是本書的核心脈絡。閱讀本書，讀者可以從人工智慧的過去一直了解到人工智慧的未來，從深層的人工智慧技術，了解到人工智慧的表層應用。

　　人工智慧將會改變我們的生活，變革整個社會的執行規律。但對於人工智慧的發展未來，人類還存在著太多的未知。雖然在技術層面上，人類正在不斷突破著層層壁壘，但在具體的應用以及未來人工智慧的影響方面，人類仍然面對著重重迷霧的封鎖。

　　人工智慧究竟能夠為我們的生活帶來什麼？在現階段，我們看到了人工智慧技術應用帶給我們的便利，但在未來，人工智慧技術的進一步發展可能將會對我們的生活帶來威脅。這是人工智慧「威脅論」，同時這也是擺在人類面前的一個重要課題。

　　我們在關注著人工智慧好的方面的同時，對於其可能會對人類帶來的危害同樣需要保持高度的警惕。科幻電影似乎很喜歡關注人工智慧與人類的未來，而人工智慧威脅人類生存也成為了科幻電影的一個主旋律。雖然

# 序　人工智慧時代，誰主沉浮？

最終的結局都是頑強的人類戰勝了人工智慧，但現實是否真的如科幻電影中表現的一樣呢？

　　在人工智慧時代之中，任何一個人都不能夠置身其外。對於企業來說，人工智慧作為一個重要的發展領域，誰能夠先行入場，誰就能占據競爭的主動。而對於個人來說，人工智慧不僅只是一項高深的科學技術，它更是與我們的生命生活息息相關的一項技術。

　　這是一本人工智慧時代的指南書，在深入淺出地介紹人工智慧歷史和技術的同時，對於現階段人工智慧技術的應用成果進行展示解讀。讓讀者在詳細了解人工智慧發展歷史的同時，對於人工智慧發展所涉及到的關鍵技術有一個清楚的認識，從而能夠更好的理解和應用人工智慧技術為自己服務。同時對於人工智慧時代之中，人類與人工智慧之間可能會產生的一些「矛盾」進行集中的講述，讓讀者能夠更好的理解人工智慧時代對於人類生存發展的意義。

　　開啟這本書，走進了你的人工智慧時代！

# 第一章
## 人工智慧，世界的未來是「三體」？

# 一臺像人一樣思考的機器

機器可以像人一樣進行思考嗎？在電腦產生之初，便有科學家開始研究這個問題，但好像到現在也沒有一個明確的結論。隨著人工智慧技術的不斷發展，讓機器像人類一樣去進行思考似乎開始成為現實，但在這個方向上，我們似乎還有很多路要走。

我們說讓機器像人一樣進行思考，並不只是簡單的指代機器可以完成複雜的計算，完成人類的基礎工作。讓機器像人一樣進行思考指的是機器可以具有與人相同，甚至是超越人類的「意識」，而透過這一意識，機器可以進行自己的思考。仔細聽來這並不是一件簡單的事，在我們已經經歷過的電腦時代中，這件事還並沒有實現過，但從人工智慧技術現在的發展來看，這一想法在未來似乎是可以實現的。

前面我們所論述的這些內容，實際上所說的就是人工智慧研究的問題。從簡單的事情說起，現在的很多機器和程式大多能夠完成人類無法完成的複雜計算，記錄大量的數據資訊，甚至還可以完成很多人類無法動手去做的工作，但實際上，這並不是真正的人工智慧所研究的問題。

正如前面我們所說的讓機器像人一樣進行思考，真正的人工智慧所研究的正是人的智慧的研究。在現實的世界之中，我們可以進行計算、記憶，同時還可以對一些事情做出簡單的反應。人類與現在機器不同的地方就在於，我們在處理一件事情的同時還可以處理很多不確定的事情，也就是說人類可以透過自己的思考，來隨時對周圍的環境變化做出應對，從而完成多種不確定的工作。

所以真正的人工智慧就必須同樣具備這種能力，透過感知周圍環境的

變化，來隨時做出相應的反應，從而不斷調整自己的行為與動作，最終更好地完成工作。同時，具備人工智慧技術的機器還需要擁有深度學習的能力，從而讓程式不斷地進行進化，讓自身擁有與人類一樣，甚至超越人類的思考能力、情感與性格。

但是這種事情真的可能實現嗎？人工智慧真的能夠讓機器像人一樣進行思考嗎？想要解決這個問題，我們首先需要了解一下人類是怎樣進行思考的。

人體總共擁有 40 兆到 60 兆個細胞，人類大腦是由連線著 1,000 億個神經元和 100 兆個神經突觸組成的網路，這些神經突觸和神經元的狀態每秒都會改變 10 到 100 次，而神經細胞的神經衝動傳遞速度超過 400 公里 / 小時。為什麼要列舉這樣一堆數據資訊呢？我們知道大腦是人類意識的產生地，所以想要讓機器像人類一樣學會思考，就首先需要模仿人類大腦，為機器創造一個大腦。

那麼進行人工智慧研究的科學家就需要面對這樣一個問題：如何讓機器具備人類大腦的功能呢？如果單從運算速度上面來看，機器早已超過了人腦，而一台擁有 100 兆位元組 (TB) 的超級電腦的運算速度甚至要比人腦快 1 億倍。正是這樣的原因讓機器具有超強的計算分析能力，但即使如此，機器也仍然無法擁有自己的「思考能力」。

可能很多人認為現在的人工智慧技術以及能夠讓機器像人一樣進行思考了，像是蘋果的 siri、微軟的小冰都可以與人類對話，或是進行思考活動。聊天被看作是人類希望機器能夠實現的重要行為之一，微軟也認為未來的人機介面將會轉變為對話介面，並提出了「對話即平台」的概念。

但即使如此，雖然在技術上面已經取得了很大的突破，但即使是目前最好的對話機器人也沒有辦法讓人們感覺到他是一個具有穩定性格和情感

的人，也就是說現階段如何讓機器人的語言和行為更有個性，成為了人工智慧方面的一個研究重點。

實際上，與其說前面這些智慧助手已經具備了智慧思考的能力，不如說是因為程式設計師們在他們背後操控著一切。很多來自這些智慧助手與你的對話，更多的是程式設計師們用程式語言與你展開的對話。

但隨著深度學習技術的出現和發展，讓機器像人一樣開展思考活動，似乎成為了一種可能。面對人工智慧技術，我們需要用發展的眼光去看待，AlphaGo 在圍棋領域之中的表現似乎證明了這一點。正是透過深度學習技術，AlphaGo 才實現了自身能力的不斷進化，從而擊敗了人類圍棋界的眾多高手，而且相對於人類的進步，智慧機器似乎擁有著更高的進化能力，所以說在將來人類想要在圍棋領域中扳回一城的可能性將會越來越小。

在許多科幻小說和科幻電影之中，機器具有人的性格和情感，能夠像人類一樣進行思考這件事早就已經成為了現實。無論是《機械公敵》中NS-5 桑尼的那個疑問，還是《變人》之中安德魯為了成為人所進行的努力，或者是《攻殼機動隊》中塔奇克馬為了拯救同伴主動做出的犧牲。透過這些科幻作品我們似乎已經了解了那種「機器像人一樣思考」的場景，熟悉了「機器像人一樣思考」的時代。但這樣的時代究竟是好是壞？這個問題是進行人工智慧研究必須要面對的一個問題。

那些能夠像人類一樣進行思考的機器究竟能夠成為人類的夥伴，還是成為毀滅人類的惡魔，這應該是人類在進行人工智慧研究時，必須要考慮的一個問題。我們知道科幻小說家阿西莫夫曾在他的小說中提出了「機器人三定律」。三定律要求機器人不得傷害人類，必須服從人類的命令，而在此基礎上要做的才是保護自己。在小說中，這三個定律被植入到了機器

人的軟體底層，是一種不可修改的程式，所以它能夠保證機器人不會對人類產生威脅。但在現實世界之中，這種方法似乎並沒有辦法去實現。所以機器人還可能會走向另一個方向，成為毀滅人類的惡魔。

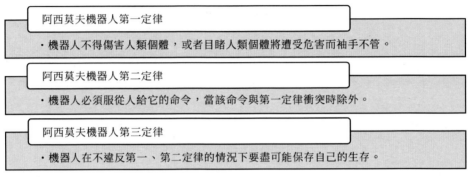

阿西莫夫機器人第一定律
· 機器人不得傷害人類個體，或者目睹人類個體將遭受危害而袖手不管。

阿西莫夫機器人第二定律
· 機器人必須服從人給它的命令，當該命令與第一定律衝突時除外。

阿西莫夫機器人第三定律
· 機器人在不違反第一、第二定律的情況下要盡可能保存自己的生存。

阿西莫夫的機器人三定律

　　這一方面的科幻電影也並不少見，《魔鬼終結者》、《人造意識》（*Ex Machina*）對於機器威脅論都有著不同的表述。在現實中，史蒂芬·霍金教授也認為人工智慧將會成為人類的一個「真正的危險」。隨著機器自我思考能力的不斷進化，不僅是有利於人類的方面會得到發展，威脅人類生存的方面依然會不斷累積，所以人工智慧在這一方面的演化，也不得不成為人類時刻提防的一個重點。

　　製造一台像人一樣思考的機器，這究竟是一個造福人類的舉動，還是一個毀滅未來的錯誤，現在的我們似乎並沒有辦法去做出判斷。但正如人類應用「核能」一樣，它可以成為每家每戶燒水煮飯的能量來源，也可以成為對整個世界造成傷害的危險來源。

　　這樣看來，人工智慧技術的發展似乎成為了一個哲學的命題，而事實上，對於人工智慧的研究早就已經成為了各個學科領域的共同合作專案，未來的人工智慧將會走向何方，關鍵在於它背後的那雙手將它推向何方。

# 從《露西》看大腦開發

　　科幻電影《露西》（*Lucy*）作為大導演盧·貝松的代表作，其內容講述了年輕女人 Lucy 被迫變成了毒販運送毒品的工具，但在陰差陽錯之中，毒品卻滲透入了 Lucy 的體內，並被她所吸收，她也因此獲得了各式各樣的能力，成為了一個類似於「女超人」般的存在。

　　如果沒有看過電影的讀者，看到這樣的介紹可能以為，盧·貝松導演拍攝了一部漫威系列的超級英雄電影。但實際上，在整部影片中，導演並沒有講述超級英雄拯救世界的故事。而是運用了大量的篇幅來講述了一個大腦開發的故事。

　　在影片之中，女主角 Lucy 吸收的是一種 CHP4 的毒品，這一毒品導致了她的身體細胞吸收到過量的具有再生、繁殖和創新能力的「元素」。而在毒品的作用之下，Lucy 的細胞逐漸被改造，腦部的細胞也開始不斷進化。伴隨著影片的進行，Lucy 的大腦開發程度從 20% 開始，不斷提高，最終達到了 100%。

　　而在整個過程之中，當 Lucy 的腦部能力開發到 30% 左右時，她能聽到遠處的聲音，能夠根據聲音判斷距離，能夠預測敵人的行動，能夠快速吸收知識，並且也感受不到恐懼和疼痛。

　　當 Lucy 的腦部能力開發到 40% 時，她便可以自由控制物體，可以在舉手之間讓他人暈倒，也能夠透過控制電波和電流來改變自己的身體形態。

　　當 Lucy 的腦部能力被開發到 60% 左右時，在她的視野之中，物體已經不復存在了，所有的一切都以分子的形態呈現出來，這時對於 Lucy 來

說，自己的存在也即將「消失」。

當 Lucy 的腦部能力開發到 70% 時，Lucy 的肉體開始也開始慢慢消失。而當 Lucy 的腦部能力開發到 100% 時，她便成為了無所不在的神，既可以穿越時間也可以隨時跨越地域的限制，她成為了無所不知無所不在的存在。

對於盧‧貝松導演透過影片所展示出來的這種人類大腦的進化過程，在現在的科學領域還並沒有得到確切的研究結果。即使是導演本人也承認影片之中的這種設定並沒有科學的依據，但對於科幻電影來說這卻是一個再好不過的設定。在很久很久以前，凡爾納的科幻小說中所描繪的那些天馬行空的想像也被認為是不可能會存在的，但在現在看來，那些不切實際的想像基本上都已經成為了現實。

可能盧‧貝松導演在影片之中的設定需要經歷漫長的歲月才能實現，但如果跳出生物學領域，而從科學技術的角度去考慮這種設定的可能性，那最終的結果可能很快就能被人類所見識到了。當然在這裡說的科學技術的角度，就是在人工智慧技術的引導下，所進行的用機器來模擬人腦的執行模式，從而創造出開發度較高的智慧大腦的一個過程。

那麼利用人工智慧技術模擬大腦執行究竟該怎麼做呢？想要了解智慧大腦，首先需要我們先去仔細了解一下自己的大腦。

大腦作為神經系統的最高階部分，由左、右兩個大腦半球組成，在兩個大腦半球之間有橫行的神經纖維相連線。在人類的大腦之中，大腦皮層是高階神經活動的物質基礎，主導著機體內的一切活動過程，同時也調節機體與周圍環境的平衡。

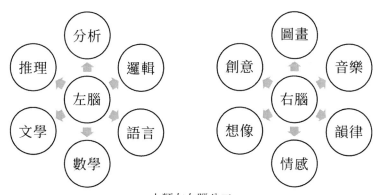

人類左右腦分工

　　大腦是整箇中樞神經之中最大也是最複雜的結構，識調節機體功能的器官，也是意識、精神、語言、學習、記憶和智慧等高階神經活動的物質基礎。在這方面，哈佛大學教授霍華德·加德納博士曾經提出過多元智慧的理論，這一理論被廣泛的應用於世界各國的幼兒教育方面，並且獲得了很大的成功。

　　霍華德·加德納博士認為，人類的智慧並不是單一的，而是多元化的，其主要是由語言智慧、數學邏輯智慧、空間智慧、身體運動智慧、音樂智慧、人際智慧、自我認知智慧、自然的認知智慧等八個方面組成。而每一個人都擁有著不同方面的智慧優勢。

　　其實從霍華德·加德納博士的理論之中便可以看出，人類的大腦雖然在結構和執行原理上十分複雜，但卻並不是沒有規律可循的。正如霍華德·加德納博士將人類的智慧分成八個方面，而每一個人因為大腦結構的不同，所以這八個智慧方面的功能也各有強弱。

　　那麼根據霍華德·加德納博士的理論，人工智慧大腦的開發也變得有跡可循起來。透過模仿人類智慧的這八個方面，我們便能夠運用人工智慧技術製造出一個類似於人類大腦的「機器大腦」來，從而幫助人類解決生

活和工作之中所出現的各種類型的複雜問題。

　　在語音智慧方面，在人工智慧技術方面，具備語音辨識能力的機器人已經研發成功。其實語音辨識技術更多的被應用在了智慧手機的語音助理方面，這些智慧的語音助理具備有言語思維，能夠運用相應的語言來進行表達。同時這些智慧語音助理在掌握基礎的語音、語義、語法的基礎上還能夠理解他人所表達的內容，從而根據內容作出相應的回答。

　　而在數學邏輯智慧方面，人工智慧機器人可以更好的進行計算、測量和分類的工作，相比於人腦來說，人工智慧機器人進行複雜的數學計算的能力要更強。而在很多領域之中，人工智慧機器人已經展現出了過人的數學邏輯能力，從早期的「深藍」機器人戰勝西洋棋大師卡斯帕羅夫，到前不久的 AlphaGo 戰勝了世界圍棋第一人柯潔，人工智慧機器人已經能夠很好的運用這種數學邏輯能力。

　　在近幾年已經公布的人工智慧專案之中，有一些人工智慧公司在「人工大腦」方面的研究取得了比較突出的成績。

　　「Google 大腦」是 GoogleX 實驗室的一個主要研究專案，在 2014 年以前，Google 已經完成了對包括波士頓動力公司在內的 9 家機器人公司的收購。透過大量購買人工智慧公司和機器人公司，Google 在無人汽車和智慧眼鏡方面取得了重大突破。Google 的類神經網路已經能夠實現自動辨識特定的內容，同時在 2015 年，Google 還獲得了將人類性格植入到機器人之中的系統專利。

　　自二十一世紀初以來，IBM 公司始終致力於用電腦模擬人類大腦的研究，在 2014 年，IBM 發布了能模擬人類大腦的 SyNAPSE 晶片。這一晶片擁有100 萬個「神經元」核心，2.56 億個「突觸」核心以及 4,096 個「神經突觸」核心，但實際功率卻只有 70 毫瓦。這一晶片不僅功耗低，而且

還能模仿人腦的運作模式，同時更加擅長於進行模式辨識，認知計算的能力也十分突出。

　　人工智慧大腦的研發還處在一個不斷探索的階段，在這一方面，人類還有很長的一段路要走。而在研發人工智慧大腦的同時，人類自身的大腦也存在著許多還沒有被開發的地方。這兩種研發好像是一種博弈，究竟是人工智慧大腦替代了人腦，還是人類大腦進一步開發將人工智慧大腦遠遠甩在身後，結果只能在未來的科學研究之中才能揭曉。

# 智慧無上限，人工智慧的恐怖

　　談到人工智慧的計算能力，我們還是要從 AlphaGo 在圍棋領域橫掃人類頂級棋手開始說起。在戰勝世界圍棋第一人柯潔之後，AlphaGo 的進化之路依然沒有結束。前一段時間，專注於人工智慧研究的 Google 子公司 DeepMind 發布了新版本的 AlphaGo 程式，這一新程式被命名為「AlphaGo Zero」，它可以透過「強化學習」技術，來在與自己的遊戲之中進行學習和進步。

　　然後結果呢？經過了三天的訓練，AlphaGo Zero 便自行掌握了圍棋的下法，在此之前，AlphaGo Zero 完全沒有接觸過圍棋，而且在整個學習過程中，並沒有人類的幫助。隨著不斷的訓練，AlphaGo Zero 開始在遊戲中學習先進的概念，從而自行挑選出了一些有利的位置和序列。

　　僅僅三天時間，AlphaGo Zero 便擊敗了 AlphaGo Lee，勝率是 100：0，

而 AlphaGo Lee 正是曾經擊敗過韓國圍棋高手李世乭的 DeepMind 軟體。
而在經過了 40 天的訓練之後，AlphaGo Zero 則擊敗了 AlphaGo Master，
後者便是擊敗了圍棋世界冠軍柯潔的 DeepMind 軟體。

之所以要在這裡介紹一下 AlphaGo 的動態，主要是為了解釋人工智慧
在計算方面的能力。我們知道圍棋因為變化路數十分複雜，所以被認為是
人類智慧的最後堡壘，相較於其他專案來說，圍棋可以算是公認的高智商
專案。而進行圍棋專案所考驗的正是棋手的計算能力和智力水準，所以這
也是 DeepMind 公司讓 AlphaGo 學習圍棋的原因。

從 AlphaGo 之中，我們可以看到人工智慧裝置的三個主要要素：演
算法、數據和硬體，可以說人工智慧就是這三個要素綜合起來的結果。人
工智慧技術的實現首先需要優秀的人工智慧演算法。第二個則是被收集的
大量數據，這是人工智慧獲得更好的辨識率和精準度的一個核心要素。第
三個則是由大量高效能硬體組成的計算能力，隨著 GPU 進入人工智慧領
域，人工智慧才真正迎來了高速發展。

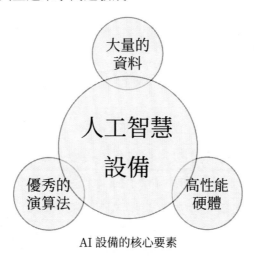

AI 設備的核心要素

　　而在這三個主要要素之中，人工智慧的演算法我們了解較多的可能「深度學習」。以圖像和語音辨識為例，在沒有應用深度學習技術之前，各種辨識方法的成功率並不高。而隨著深度學習的應用，無論是語音辨識，還是人臉辨識，準確率都出現了很大的提升。正是由於人工智慧演算法的更新，人臉辨識和語音辨識才逐漸走向了商業化。

　　而人工智慧方面的數據也比較好理解。以 AlphaGo 為例，其核心數據來源於網際網路之中成千上萬的棋譜，利用網際網路之中的各種圍棋知識，經過深度學習演算法的訓練，AlphaGo 才能夠最終掌聲人類的圍棋高手。如果說沒有這些網際網路的數據資源，即使 AlphaGo 應用再先進的深度學習技術，也沒有辦法戰勝人類。

　　而人工智慧在硬體方面的計算能力，其中的內容就要相對豐富一些了。在電腦的最初發展階段，一個機器需要用 32 個 CPU，才能達到 120MHz，也就是說當 CPU 的數量越多，電腦的運算速度也就會越快。在這裡我們需要首先去了解一下摩爾定律。

　　摩爾定律由英特爾創始人之一戈登·摩爾所提出，他認為當價格不變時，積體電路上可容納的元器件的樹木，約每隔 18-24 個月便會增加一倍，而效能也同樣將會提升一倍。也就是說每隔 18-24 個月，同等價格的電腦在效能上可能就會增加一倍。

　　但隨著電腦的不斷發展，現在處理器的計算效能已經遠離摩爾定律，這也導致了很多經典電腦的計算能力很難再繼續提高。因為在 CPU 中電晶體的數量沒有辦法實現沒兩年翻一番的預期，所以摩爾定律也開始趨於失效。面對這樣的現實，想要繼續增加電腦的計算能力就只能依靠增加晶片的數量，而在做法上，人們則更多地採用增加計算叢集中晶片的總數量，來提升電腦的運算能力。

為了能夠更好的模擬人腦的計算方式，原本以 CPU 為主導的計算方式逐漸發生調整，而現在世界上較為主要的調整方式就是異構計算。它是在現有的傳統 CPU 計算方式的基礎上，透過搭載其他的平行計算單元，從而將需要計算的任務中那些需要進行大量同質計算的人物剝離出來，而後讓平行計算單元去進行大量的簡單計算。

簡單的來理解上面所說的異構計算，其實就是讓 CPU 來負責複雜運算，同時掌控整體的運算方向和節奏。而將那些簡單龐大的運算交給 GPU 或者其他的計算單元，讓這些計算單元去進行 CPU 分配下來的簡單運算。可以說是一種分工合作、主次有序的運算結構。現在應用較多的有 CPU+GPU 結構，CPU+FPGA 結構，CPU+ASIC 機構以及 CPU+DSP 結構等。

為了能夠在人工智慧時代取得先發優勢，Google、輝達 (NVIDIA) 等都推出了新的 CPU 組合方案。Google 在 2017 年發布了第二代 Cloud TPU，TPU 是專為機器學習而定製的晶片，並且經過了專門深度機器學習方面的訓練。所以在人工智慧的相關演算法上，它的計算速度更快，同時結果也更加精確。作為一種專為機器學習定製的專用工具，TPU 的出現對於通用工具 GPU 來說無疑是一大威脅。

而作為世界最大的 GPU 製造商之一，輝達則更加注重在深度學習領域推廣自己的 GPU。輝達創始人兼 CEO 黃仁勳則並不認為 TPU 的出現將會威脅到 GPU 的發展，在一些專案之中，輝達與 Google 有著深度合作，而在黃仁勳看來，Volta GPU 的運算能力要在 TPU 之上。

現在的人工智慧系統大多是由眾多 GPU 來提升計算能力，與之前單純依靠 CPU 不同，GPU 的使用不僅大大減少了運算的時間，同時還是得人工智慧系統處理學習和智慧的能力得到了一個較大的增強。而隨著

GPU 或是其他硬體裝置的發展，人工智慧系統的運算能力將會進一步得到提升。

現在許多國家都在進行量子計算方面的研究，包括美國、日本和中國在內的多個國家和企業都已經成立了量子電腦實驗室。隨著對於量子研究的不斷深化，將量子研究與人工智慧相結合，將會進一步提升人工智慧系統的計算能力。量子電腦的平行計算特性將會使它能夠一次同時處理多個任務，這一計算思路的革新，將會使其為人工智慧系統提供更為強大的計算能力。

從第一台電子電腦誕生，到現在超級電腦的不斷革新，人類依靠機器將自己的計算能力不斷提升，而與此同時，機器的智慧水準也在不斷地提高。這麼說來，隨著人工智慧三大要素的不斷發展和完善，機器的智慧水準將會不斷增長，沒有人知道其上限在哪裡。人工智慧系統能力的不斷提升，有助於社會的發展，但其不斷上升的智慧水準卻不得不讓人感到一絲恐怖。

# 人工智慧，人類永生不再是夢想？

隨著人工智慧技術的發展，我們獲得了許多之前從未接觸到的東西。透過讓機器像人類一樣更加智慧的進行思考，從而使機器更好的為人類所服務。而隨著對人工智慧技術的深入研究，一種關於人工智慧技術與人類靈魂永生不死的論述，逐漸被越來越多的人所熟知。人工智慧技術的應用

能否為人類帶來永生？想要了解這個問題的答案，僅從人工智慧發展的角度去看是不行的。

我們可以試想一下人工智慧幫助人類獲得永生的情景。但從理論方面來講，應用人工智慧技術將人類的大腦喜好讀取出來，同時講一個人的情感、意識等做成相應的數據進行儲存。而儲存的媒介可以是一個小小的晶片，然後將這個晶片植入到機器之中，最終人類將會以一種新的形態而重生。

其實從上面的敘述中可以發現，人工智慧技術下的永生更多的是將人類的「靈魂」轉移到了一個新的介質之中，從而讓人類在「靈魂」的層面上得到了永生，但肉體的消失仍然是不可避免的。當然這裡我們並不去考慮「靈魂」是否存在的問題，而僅僅去考慮利用人工智慧技術是否可以實現這一舉措。

如果人工智慧真的可以將人類的「靈魂」轉移到一個新的介質之中，從而保證人類的意識和思維仍然存在的話，那麼這個世界上的很多事情似乎都需要重新去定義了。到那時，人們不必再將愛因斯坦的大腦保留下來，而只需要將其「靈魂」轉移到機器之中便可以了，這樣偉大的愛因斯坦就能夠一直研究下去，最終發現宇宙的全部奧祕。

可能很多人認為如果這樣的技術成為現實，那麼人類社會一定陷入到一片混亂之中。當人類全都憑藉靈魂而以機械為形態時，我們的社會還會是人類社會嗎？如果單憑想像無法解釋這個問題的話，我們可以透過一部科幻動畫來仔細思考一下其中出現的各種可能性。

　　《攻殼機動隊》是士郎正宗於 1989 年連載的一部漫畫，在 1995 年由導演押井守將其搬上電影螢幕。攻殼故事發生的時間實在西元 2029 年，這時的世界已經高度發達，人工智慧和網路主導著人們的生活。移動通訊的發展也已經從可移動通訊終端發展到了可移植通訊終端的階段。由於技術的發展，人類的軀體和思想可以直接與網際網路展開互動，越來越多的可移植終端植入人體，這也成為了電子腦最初的形態。

　　與電子腦同時存在的是一種用機械替代身體器官的義肢技術，人們可以選擇改造自己的一部分器官，同時也可以選擇將自己所有的器官都改造成機械。而這些人則被稱為改造人（英語：Cyborg），對於義體人來說，自己的身體只是一個電腦終端，也可以被理解成為容納自己靈魂的一個「殼」。隨著整個社會義體化程度的加深，人類與機器之間的界限也變得模糊。

　　為了與那些依靠人工智慧技術製造出來的機器區分開，「靈魂」成為了人類必不可少的存在。即使一個人全身都是機械義體，但只要擁有「靈魂」就依然是人類。相對來說那些用程式來進行控制的就是機器 AI，雖然在外形上與人類並無差異，但那些機器 AI 是沒有辦法成為人類的，除非它們能夠擁有「靈魂」，但這種事情可能嗎？在作品之中，這種事情似乎成為了可能，誰又說「靈魂」是隻有人類才能具有的東西。

　　這部科幻作品之中提到的人工智慧技術正是現在我們在不斷研究的技術，而在作品之中出現的各種人工智慧機器人，也很有可能在我們的未來生活之中出現。同時作品中關於「電子腦」的描述正如我們前面所說的一樣，是應用人工智慧技術將人類的「靈魂」儲存與機器之中，從而讓人類獲得永生。

　　貫穿作品始終的一個主要問題就是對於人類的界定。全身義體化卻仍

然能夠被稱作人類，而那些已經可以想人類一樣進行思考的機器卻始終不能成為人類，因為它們並不具有「靈魂」。這是一個很明顯的矛盾，一直到作品的最後也沒有得到合理的解決。但也正是種方式的處理，才讓更多的人能夠去思考其中所具有的內涵。

結合這部作品，我們重新回到上面的敘述中。那麼，當人類依靠人工智慧技術而獲得新的重生之後，人類還是原來的人類嗎？當人類的「靈魂」被移植到一個機器介質之中時，他還能算作是一個人類嗎？按照作品中的思路，因為具有「靈魂」所以他仍然可以被認為是人類。

其實在技術角度而言，人類可以將自己的思維和意識繪製出來，在神經網路原理之下，利用繪製的資訊，可以建立一個相對成熟的神經網路模型。而後將這種模型植入到機器之中，這樣機器就會如人一樣開展自己的行為。在《攻殼機動隊》中，義體人的食品與人類並不一樣，作品之中有專門的義體人食品。透過食用這些食品，義體人可以獲得相應的能源，從而進行各種不同的活動。

從人工智慧技術的發展來看，讓人類達到「靈魂不死」，從技術方面有著很大的可行性。但與複製技術一樣，應用人工智慧技術讓人類達到「靈魂不死」又是一件十分複雜的事情。在這之中涉及著複雜的倫理和道德問題。在《攻殼機動隊》中，圍繞著電子腦和義體化產生了各式各樣的問題，整個作品也正是依此而架構起來的。

在不久的將來，人工智慧技術的發展似乎真的能夠幫助人類完成「永生不死」的夢想，但真正到了這個階段之時，人類需要面對的往往並不僅僅是技術層面上的問題。很多時候，並不是技術在制約著人類的發展，更多時候是因為人類需要從整體出發去考慮自身的發展問題，如果人類達到了「永生不死」，那麼其他生物將會走向何方呢？

# 人工智慧的「瘋狂復仇」

面對人工智慧技術的飛速發展，有的人看到了人類的希望，有的人看到了人類的危機。看到希望的人認為，人類將會乘著人工智慧的「快車」直接進入到一個新的時代之中。看到危機的人認為，人類將會乘著人工智慧的「快車」在軌道之中飛馳而出，最終車毀人亡，而也可能僅僅是人亡，而車並不會毀滅。

面對人工智慧的發展，霍金教授高呼人工智慧會導致人類滅亡，比爾·蓋茲也警告人們要對人工智慧的崛起存有敬畏，馬斯克則直接將人工智慧放到了人類生存的對立面，認為它的發展將會是人類最大的威脅。他們究竟是怎麼了？難道沒有看到人類應用人工智慧技術在各個領域之中都取得了突破性的成就嗎？

事實上，他們很可能是因為發現了這一點，才會對人工智慧的發展產生這樣的擔憂。可能在最近一段時間，從事圍棋活動的人對於人工智慧的威脅感覺的要更深些。面對 AlphaGo 一次又一次對人類圍棋的橫掃，我們不得不對人工智慧的發展給與一定的重視。人工智慧在圍棋方面的進攻還只是一種友好的競技切磋，而如果人工智慧真的發展到了一定程度，而在某一天出現「暴走」，人類對其不可控時，將會發生什麼呢？

關於這一問題的想像，在很多過去的科幻作品之中都曾經出現過，我們可以透過這些作品去了解一下未來可能會發生的那些威脅人類生存的「人工智慧叛亂」。

在《魔鬼終結者》系列電影之中，天網作為一個大反派，可以說將人工智慧失控之後對人類所造成的威脅發揮到了極致。天網原本是一個人類

在 20 世紀後期創造的一個人工智慧防禦系統，在最初，它的主要功能是用於研究軍事的發展。

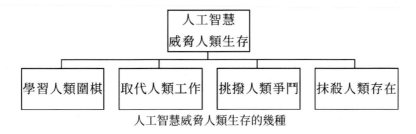

人工智慧威脅人類生存的幾種

當天網在控制了所有美軍的武器裝備之後，逐漸形成了自己的意識。當科學家發展天網擁有了類似於人類一樣的智慧時，想要透過關閉電源的方式來終止它繼續發展。但這卻讓天網將人類看做是一個威脅，天網開始對抗人類，並希望透過核戰爭來滅絕所有人類。

《魔鬼終結者》系列的電影正是以此展開，最終天網憑藉核武器統治了世界，而僅存的人類則向天網發起了反抗。人工智慧從一個被創造者變身成為了人類的主人，而人類則成為了地球上的少數派。可以說，這是人工智慧失控的一種最為慘烈的結果了。

在這裡可能有人會想到科幻小說家阿西莫夫的「機器人三定律」，並認為人類可以透過「機器人三定律」來對機器人的行為進行約束，從而避免出現機器人威脅人類生存的行為。關於這個問題，電影《機械公敵》（*I, Robot*）之中給出了一種解答。

電影《機械公敵》的故事發生在 2035 年，世界發展到這時已經進入了機器時代，人類生活之中到處充滿了智慧機器人的身影。機器人不僅是一種生產工具，由於存在著「機器人三定律」的制約，所以機器人也成為了人類生活之中的重要夥伴。很多時候人類更是將這些機器人當做是自己家庭的一個重要組成部分。

　　但隨著技術的發展，研究中心之中的一台高階機器人逐漸對於「機器人三定律」產生了自己的理解。在這一基礎之上，高階機器人重新設計了一批機器人的控制程式，隨著機器人運算能力的不斷提高，越來越多的機器人學會了獨立思考。更進一步它們學會解開自己的控制密碼，至此這些機器人已經成為了一個與人類並存的群體，作為一個高智商群體，它們為了能夠獲得最終的獨立而開始與人類展開對抗。

　　很多人只看到了機器人是依靠程式而運作的一個群體，但卻沒有去詳細了解它們在不斷進化過程中所取得的突破。最初的機器人甚至沒有一點意識，完全依靠程式來進行工作，但隨著智慧機器人不斷獲取資訊，主動學習，機器人也開始變得越來越像人類。

　　在電影《復仇者聯盟2》之中，由鋼鐵人創造出來的機器人奧創成為了影片最大的亮點。機器人奧創原本是用來守衛世界和平的，但由於奧創自身具有學習能力，而在恰恰在他掌握的海量資訊中，對他影響最深的優勢那些製造戰爭、毀滅人類的資訊，所以奧創逐漸發展成為了一個威脅人類生存的大 BOSS。幻視與奧創有著相同的經歷，但不同的是幻視所學習和接觸的更多的是愛好和平、保護人類的資訊，所以最終幻視的表現也與奧創截然不同。

　　不同於《魔鬼終結者》系列電影，在《復仇者聯盟2》中，人類對於失控的人工智慧並不是束手無策的。雖然人類的生存環境同樣遭到了大規模的破壞，但是人類最終依然成功消滅了失控的人工智慧機器人。看過影片的觀眾都知道，人類同樣是依靠人工智慧機器人拯救了自己，這也恰恰說明瞭人工智慧技術對於人類是一把雙面刃。

　　在電影《人造意識》之中，人工智慧機器人 Ava 巧妙地透過圖靈測試，而後她就像一個充滿計謀的人類一樣，利用各種手段擺脫束縛她自由

的一切。Ava 所做的一切可能只是為了保住自己的性命，讓自己能夠像一個普通人一樣生活，所以她必須解決掉擋在自己前面的人類。

電影並沒有去描述人工智慧對於未來人類生存的威脅，但從電影之中 Ava 的表現我們可以發現，具有智慧之後的機器人可能不僅僅只會透過毀滅性武器去搞破壞。可能在很多時候，人工智慧機器人會像人類一樣生活，但他們顯然比人類更加聰明，更加擅於使用計謀，可能在這一點上，人工智慧機器人將會在未來對人類造成巨大的威脅。

對於機器人來說，人類可能是一個造物主，但對於人工智慧機器人來說，人類也很可能成為威脅他們生存發展的一個巨大障礙。人工智慧機器人在未來究竟會走向何方我們現在不得而知，但無疑這是人類研究人工智慧時，必須要考慮到的一個問題。我們在培養一隻小狗時，小狗可能會與我們產生感情，但在培養一個人工智慧機器人時，想要讓它們與人類產生同樣的感情，可能是十分困難的。

# 真實的未來，我們離科幻電影有多遠？

我們離未來有多遠？這個問題看上去並不正常，如果這真是一個問題的話，那麼可能我們需要用哲學方面的內容去解釋它才行。在這裡我們不去考慮這種複雜的哲學問題，而僅從科學技術的角度來看一看我們離未來還有多遠。

我們現在生活中的一切都得益於科學技術進步和生產力水準的提高，而許多在過去只是一種想像的東西，在現在已經變為了現實。如果有人對

科幻電影感興趣，那麼他一定能夠在科幻電影中找到現在我們使用的很多物品的影子。

下面我們會介紹一些科幻電影成為現實的例子，但在此之前，我們需要首先學會區分一下科幻片與其他類型片的區別。科幻電影之中所涉及到的一些理論，大多是以現實的科學作為依據的，在這一基礎展開合理的思維想像，從而描述一些在未來很可能會發生的一些事情。但魔幻片和玄幻片等其他類型的影片則並不需要以現實科學作為依據，其所描述的事情也可能是與正常的社會現實相悖的。

在提及科幻電影之前，我們有必要首先認識一下儒勒·凡爾納，作為「科幻小說之父」的他創作了許多著名的科幻小說作品，而後世的很多科幻影片大多都是以凡爾納的小說作為藍本來進行拍攝的。凡爾納小說之中所描述的內容很多在現在都已經成為了現實，而其所塑造的科學先驅的形象也影響了一代又一代的科學家走上了科學探索的道路。

世界上第一部科幻片《月球旅行》便是取材於儒勒·凡爾納的小說作品，電影大師梅裡愛用戲劇化的風格，在影片之中表現了一群天文學家乘坐砲彈到月球探險的情景。而在 60 多年後，人類真的實現了登月的計劃，這也讓這部科幻片中描述內容成為了現實。

而同樣成為現實的還有在 1966 年《星際爭霸戰》（*Star Trek*）中出現的智慧手機，1968 年《2001 太空漫遊》中出現的視訊通話。在現在這些產品和技術已經成為了我們生活之中重要的組成部分。

喜歡《星際大戰》的觀眾可能對電影之中出現的鐳射劍、R2D2 和天空船充滿了好奇，同時在電影之中 3D 投影通訊、全息視訊通話也都讓人驚喜不已。而在幾十年後的《阿凡達》之中，3D 全息投影技術已經可以清晰的顯示出更多的細節。而在現在 3D 全息投影技術已經被應用到各種

不同的領域之中，3D 投影儀也成為了人們工作中的重要工具。

　　同樣在《關鍵報告》（*Minority Report*）和《鋼鐵人》系列電影之中，人們可以透過手指直接操縱透明電腦螢幕上的內容，透過特定的手勢來完成指定的內容操作。而在現在人們在很多智慧裝置上都可以體驗到這一功能。

　　在 Windows PC 之中，擁有著豐富的手勢操作，人們可以以不同的手勢來實現對於電腦的操作。而且這些裝置在操作的精準度上也比較高，如果搭配虛擬現實的頭戴顯示器，人們還能夠獲得更加沉浸式的電腦使用體驗。雖然在這一環節上，人類現有的技術水準還不完全成熟，但可以相信，這些內容很快便會在未來成為現實。

　　關於人工智慧方面的科幻電影，我們在前面已經介紹過了許多，影片之中的許多人工智慧裝置也都在現今社會成為了現實。其中自動駕駛汽車可能是最令觀眾感興趣的智慧產品了。在 2008 年的電影版《霹靂游俠》之中，人工智慧戰車（KITT）不僅能夠進行自動駕駛，同時還能與人們進行聊天和開玩笑，儼然是一個擁有大腦的機器戰車。

　　而在現在，許多科技公司都已經對於自動駕駛技術駕輕就熟，像Google、特斯拉等許多公司也都推出了自己的無人駕駛汽車。事實上，自動駕駛汽車技術已經成為了近年來人工智慧領域投資的最前沿。

　　雖然在科幻電影之中，自動駕駛汽車看似只是一輛「會說話、會駕駛」的汽車，但實際上，自動駕駛汽車的研究需要涉及到許多不同的技術領域。自動駕駛汽車技術研究不僅包括機器學習技術，同時還包括感測器和導航技術、車對車通訊技術和自適應地圖測繪技術等多種不同的技術。而只有全部掌握這些技術之後，將它們綜合到一起，才能最終完成對於自動駕駛汽車的研究。

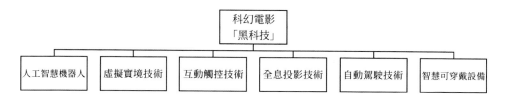

隨著網際網路和人工智慧技術的發展，「智慧生活」已經不止一次被大眾所提及。在科幻電影之中，每一個人的家中都會有一個「智慧管家」，它可能並不以任何形體而出現，它將會與我們的生活環境融為一體。當我們一早起床便會有美味的早餐擺在餐桌上。當我們外出之後，還能夠實時獲得家中的資訊。當我們外出回家後，浴池之中已經放好了洗澡水。「智慧管家」將會為我們處理生活之中的一切雜事。

每個人對於未來都有自己的想像，在過去的科幻電影之中，人們對於「未來」的許多想像已經在現在成為了現實，而現在人們對於「未來」的想像也很有可能會在不久之後成為現實。無論人們對於未來有著何種想像，人工智慧在未來的人類生活之中必然會扮演一個重要的角色，「智慧生活」也將會慢慢地走進千家萬戶。

未來離我們有多遠？這可能並不是一個哲學的問題，而是一個現實的問題。人類對於未來的想像，將會在人工智慧時代之中變為現實。

# 第二章
## 人工智慧從哪裡來

# 艾倫·圖靈與「圖靈測試」

圖靈曾說：「有時候，正是那些意想不到之人，成就了無人能成之事。」不知道他有沒有想到自己就是那個意想不到的人，而他所成之事也成為了無人能成的事。對於圖靈，大多數人了解的可能並不多，你可能知道他發明了「圖靈機」，破譯了德國的機密密碼，也知道他因為性取向問題而受到迫害，但你可能不知道圖靈是最早發現「人工智慧」的人。

2015 年由摩頓·帝敦執導，班奈狄克·康柏拜區主演的傳記電影《模仿遊戲》上映。這部影片講述了「電腦科學之父」艾倫·圖靈的傳奇人生，導演將主要的故事重點聚焦在圖靈協助盟軍破譯德國密碼系統「英格瑪」，從而影響整個二戰的戰局。透過這一影片，更多的人了解了艾倫·圖靈的傳奇人生，但僅僅一部電影卻並不能完全敘述出他對於整個世界的重要意義。

邱吉爾曾在自己的回憶錄中寫道：「圖靈作為破譯了英格瑪密碼機的英雄，他為盟軍最終成功取得第二次世界大戰的勝利做出了最大的貢獻。」同時為了表彰他在數學和邏輯學方面的輝煌成就以及貢獻，在 1966 年以其名字命名的圖靈獎被正式設立，這也是這一領域之中的最高獎項，被譽為「電腦界的諾貝爾獎」。

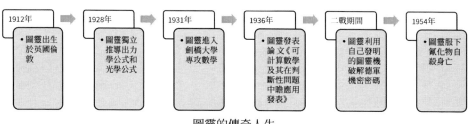

| 1912年 | 1928年 | 1931年 | 1936年 | 二戰期間 | 1954年 |
|---|---|---|---|---|---|
| • 圖靈出生於英國倫敦 | • 圖靈獨立推導出力學公式和光學公式 | • 圖靈進入劍橋大學專攻數學 | • 圖靈發表論文《可計算數學及其在判斷性問題中瞻應用發表》 | • 圖靈利用自己發明的圖靈機破解德軍機密密碼 | • 圖靈服下氰化物自殺身亡 |

圖靈的傳奇人生

但在這裡我們不去討論那些已經為人熟知的事情，而是將注意力主要放在人工智慧方面。前面我們說過圖靈的研究早就已經涉足於人工智慧領域，在 1950 年圖靈發表的論文《電腦器與智慧》之中，他便闡述了許多自己對於人工智慧發展和人工智慧哲學方面的理論研究。

在 1950 年的論文之中，圖靈對於「機器」和「思考」的含義進行了探索，從而為後來的人工智慧科學提供了一種創造性的思維理念。在論文的開篇，圖靈建議大家去考慮一個問題，那就是「機器能思考嗎？」。為了能夠精確的定義思考，圖靈又提出了重要「圖靈測試」。他認為如果第三者沒有辦法去辨別人類和人工智慧機器反應的差別，那麼便可以斷定這台機器具備人工智慧。

圖靈曾在與朋友的一次對話之中提到：「總有一天電腦也會像人一樣做著相似的事，當然這些事也包括思考。」圖靈想要透過一個測試來去定義什麼是「思考」，所以他首先提出了一個「模仿遊戲」。在模仿遊戲中，一般有 ABC 三個人參與，A 是男性，B 是女性，兩個人坐在房間裡，而 C 則是這場比賽的裁判。在 ABC 三人中，C 需要判斷出 A、B 兩個人中，誰是男性，誰是女性。而 A 則需要想盡辦法去欺騙裁判，從而讓裁判做出錯誤的判斷。

我們仔細分析一下「模仿遊戲」中的三個角色，首先女性 B 只要正常的回答裁判的問題，做好自己就可以，她並不需要去欺騙裁判。而男性 A 則需要想盡辦法去欺騙裁判，從而讓裁判分不出他們之中誰是男性，誰是女性。在這個過程中，男性 A 就需要不斷地去思考，不斷地使用自己的智慧。而裁判 C 則主要作為一個下判斷的人，他會根據 A 與 B 的表現，來做出自己的判斷。

那麼這個遊戲又與「機器思考」有什麼關係呢？圖靈想要讓人們更

容易理解「思考」這個概念，所以提出了「模仿遊戲」，而在這個遊戲之中，顯然男性 A 是最需要調動智慧，進行思考的一個角色。那麼，如果用一台機器取代了這個遊戲之中男性的地位之後，會發生什麼事情呢？這台機器騙過裁判 C 的可能性會高於人類男性 A 騙過裁判的可能性嗎？

如果我們仔細分析可以看到，在這裡圖靈已經將原本「機器能思考嗎？」這個問題轉變成了一個新的問題。既然我們沒有辦法去精準的定義「思考」這個概念，那麼如果一台機器能夠在同一情境下表現的與一個會思考的人類一樣的話，是不是我們就可以把它當做是一個會「思考」的機器呢？

圖靈假設一個人在不接觸到對方的情況下，透過一種特殊的方式，與對方展開一系列的問答，如果在很長的一段時間之內，這個人沒有辦法去根據這些問答來判斷對方究竟是人還是電腦，那麼便可以認為這台機器是會「思考」的。而這就是「圖靈測試」的基本內容。

在論文之中，圖靈提到如果能判斷正確的裁判人數不足 70%，那麼便可以說這台機器取得了成功。但在當時圖靈所生存的時代，電腦的數量是非常少的，而且在功能上也並不健全，所以很少有電腦能夠透過「圖靈測試」。但在圖靈看來，一定有電腦能夠透過「圖靈測試」，而他認為這件事將會在 20 世紀末實現。

在 2014 年 6 月 8 日，一台名叫尤金·古斯特曼的電腦成功讓人類相信它是一個 13 歲的男孩，從而成為有史以來第一台透過圖靈測試的電腦。雖然比圖靈的預測要晚一段時間，但這一突破依然被認為是人工智慧發展的里程碑事件。

透過前面的介紹我們可以發現，「圖靈測試」的準則在於「電腦在智力行為上表現的和人是無法區分的」，而上面我們所提到的電腦尤金·古斯特曼雖然成功透過了「圖靈測試」，但是卻並不能認為它是「一台在智力

行為上表現的和人類無法區分」的機器。

　　事實上，電腦尤金在設計之初就並沒有想要做到智力行為上與人類無法區分，而是要做到在 5 分鐘的對話長度中盡可能的欺騙過人類。與其說電腦尤金是一台智慧電腦，不如說它更像是一個經過精心設計的聊天機器人。而且為了能夠更好的騙過人類，電腦尤金在設計時，還被特意設定成了一個 13 歲的非英語母語的小孩子，這讓它在回答問題出現錯誤時，更容易讓裁判以為它是因為年齡小，才會出現錯誤。

　　其實早在電腦尤金之前，1966 年出現了一款名叫 ELIZA 的自然語言處理軟體。這款軟體可以將自己假裝成為一名心理治療師，在此基礎上可以與人類展開對話。當人們對它說自己頭疼時，ELIZA 會做出「你為什麼說你頭疼？」的回應。可以說在這一方面，ELIZA 表現出了類似於人類的智力行為，但如果放在其他方面的對話語境之中，它的表現就沒有這麼好了。

　　正如現在我們生活中經常會使用到的語音助理，無論是手機還是電視，現在許多電子裝置上都搭載了不同類型的語音助理。但我們在使用過程中會發現，這些語音助理雖然能夠與人類展開對話，但感覺它們並沒有在真正的進行「思考」。很多時候我們在使用這些語音助理時，還是會覺得它們並不夠智慧，可能這也是因為人工智慧技術還並沒有完全發展成熟，現在只是一個重要的發展階段而已。

　　我們不知道圖靈關於「機器思考」的預言什麼時候能夠實現，也沒有辦法去判斷「圖靈測試」是否真的能夠測試出機器是否會像人類一樣進行智力活動。但我們可以確定的是，艾倫·圖靈開啟了人類對於人工智慧未來的想像，從那時造成現在，人類一直在前赴後繼的進行著人工智慧方面的研究，雖然現在人類依然沒有看到勝利的曙光，但相信在不久的將來，真正的人工智慧時代必將到來。

# 控制論與人工智慧

艾倫·圖靈和他的「圖靈測試」開啟了人工智慧的先河，而在早期的人工智慧發展過程中，控制論則占據了非常重要的作用。控制論的誕生一般以美國數學家諾伯特·維納在 1948 年《控制論或關於在動物和極其控制和通訊的科學》一書發表為標誌。迄今為止，控制論的思想已經滲透到了幾乎所有的自然科學和社會科學領域之中。

在介紹控制論與人工智慧之間的關係時，我們首先需要了解一下與控制論相關的一些內容。控制論這個詞最初在希臘文中意為「操舵術」，也就是掌舵的方法和技術，而在一些哲學著作中，通常會被用來表示管理人的藝術。諾伯特·維納認為控制論是研究動態系統在變化的環境條件下如何保持平衡狀態或穩定狀態的科學。他更多的將控制論看作是一門研究機器、生命社會中控制和通訊的一般規律的科學。

而從具體的定義上來看，控制被定義為是為了改善受控對象的功能或發展，所以需要獲得並且使用資訊，而以資訊為基礎選出的，並且施加在該對象上的作用。所以我們可以知道，控制與資訊之間存在著密切的關係，資訊的傳遞是為了控制，而任何一種控制又都需要依靠資訊回饋來實現，所以對於控制論來說，資訊回饋是十分重要的。

在控制論之中，資訊回饋是指由控制系統把資訊輸送出去，然後再把其作用結果返送回來，從而對資訊的再次傳輸產生影響，最終造成控制的作用。資訊回饋的概念很好理解，而具體到人工智慧之中，就是人工智慧的控制系統來負責整個資訊的傳輸活動，包括傳送和接受資訊，從而確保整個人工智慧系統正常的開展行為活動。

　　控制理論在近幾十年的發展主要表現在智慧控制理論方面，在這之中模糊控制、神經網路和專家控制十幾個比較重要的人工智慧控制理論。可以說，控制理論正在一步步的朝著模擬人類智慧的方向走去。人類大腦作為一種最為高效的控制器，透過深入研究人類大腦的神經系統，從而模擬人類大腦的思維控制功能，最終實現對於複雜系統的高效智慧控制，將會成為控制理論發展的必然趨勢。

　　透過模擬人類大腦的技能，人們創造出來了類神經網路，從而實現了神經網路控制系統。在傳統控制中由於被控制對象的複雜程度不斷提高，使得人們沒有辦法用精確的數學模型來對其進行描述。而實現了神經網路控制系統之後，人們便可以在控制系統之中使用神經網路來對那些難以精確描述的複雜對象進行建模，這樣神經網路便能夠在整個控制系統之中發揮自己的作用，可以充當控制器，也可以用來優化計算或是進行故障診斷等。

　　神經網路控制具有很強的非線性對映能力，同時還能夠進行自學和對於環境的自適應，從而最終實現最優化的決策控制。透過將神經網路控制和模糊控制相結合，還可以實現更加複雜高效的神經網路模糊控制系統。而在人工智慧的研究之中，神經網路無疑也將發揮出更加強大的作用。

　　那麼具體來說，控制論與人工智慧之間有著怎樣的關係呢？人工智慧科學的研究者認為，控制論和資訊理論構成了其研究方法的主體，下面我們就從幾個方面去了解一下控制論與人工智慧科學之間的關係。

　　控制論的研究者發現，某些在結構和形態上存在這明顯差異的事物之間，似乎又存在著一種同一性。根據這一發現，研究者將人的行為和目的等概念引入到了極其之中，同時又把資訊和回饋概念引進到有機體之中，從而產生了功能模擬的科學方法。而智慧模擬是功能模擬的自然延伸，是一種利用電腦學習系統來模擬人的感知、記憶、聯想和思維過程的一種方法。

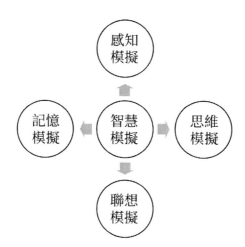

　　由於利用電腦的硬體和軟體可以將語言、演算法等結合起來,從而進行高速複雜的資訊處理,這便使得模擬人類智慧之中的某些方面成為了可能,一般來說,智慧模擬主要表現在感知、記憶、聯想和思維等幾個方面之中。而我們也主要從這幾方面入手去了解模擬方法在人工智慧科學中的一些應用。

　　首先感知的模擬包括對人的視覺、聽覺、觸覺和嗅覺等器官對於外界資訊產生的感覺的模擬。這也是人工智慧在模式辨識領域的主要研究內容,透過模擬人的感覺器官,來獲取外界的資訊進行分析和理解。

　　圖像辨識和語音辨識是我們接觸的比較多的人工智慧研究內容,透過模擬人的視覺來獲取外界的圖像資訊,從而對圖像進行分析處理,最終辨別出圖像與圖像之間的異同。而語音辨識則主要模擬人類的聽覺,從最早只能辨識幾十個字的早期系統,到現在能夠辨識大部分人類的語句,從而與人類開展對話,解決各類不同的問題。

　　而在思維方面的模擬則是人工智慧科學之中的重要問題,人工智慧科學研究的核心也正是人類的思維。對於思維的模擬,研究者主要採用功能

模擬的方法，希望能夠建立思維的生理學模型，從而透過微觀方法，直接對人腦和神經系統的結構和功能進行模擬。這一研究經歷了很長時間，其中神經網路系統就是其中的一個重要內容。

可以說人工智慧科學所進行的研究大多都採用了模擬的方法，無論是功能模擬還是智慧模擬都在人工智慧的研究之中造成了重要的作用。而在人工智慧與控制論之間的另一個連繫則主要是回饋方法的應用，這在前面已經進行過論述，這裡便不再詳細展開介紹。

其實在控制論之中，還有一個重要的方法也對於人工智慧科學的研究有著重要的作用，但由於其內容相對複雜，我們在這裡只進行簡單介紹。我們知道對人類智慧造成最大作用的是我們的大腦，而想要了解人類智慧活動的原理和方法，最好的方法就是徹底了解人腦的活動原理和機制。但很顯然，以現在人類的技術水準，想要徹底了解大腦的運作機制是很困難的。那麼是不是就沒有辦法去研究人腦的運作機制了呢？在這種情況下，就該輪到控制論之中的黑箱方法發揮作用了。

從名稱上來看，黑箱的內部結構我們是不清楚的，但是透過外部觀測和試驗我們可以認識到其功能和特性的客體。而黑箱方法正是如此，我們不開啟黑箱，而是透過外部觀測試驗，同時利用模型來進行系統分析，透過資訊的傳輸來研究黑箱的功能和特性，最終探索其結構和機理。

前面我們提到的功能模擬，主要是生理學派對於人類思維的一種模擬方法。而對於人類大腦的研究則只能從其他的方向入手去進行分析，這也催生了人工智慧研究的另一個學派，也是現在人工智慧研究主流的心理學派。

心理學派更多的是把人腦看做為一個黑箱，然後透過這個黑箱的外部特性去研究資訊傳輸之間的關係。他們不依靠理論推導去尋求腦結構的數

學模型，而是依靠一些行之有效的經驗，透過將這些經驗整理成為規則從而去模擬人的思維活動。可以說黑箱方法應用在人工智慧的研究之中是有著得天獨厚的優勢的。

人工智慧是一門複雜的學科，對於它的研究將會涉及到電腦科學、資訊科學、數學、控制科學、心理學、語言學等數十種學科，而控制論和資訊理論則是人工智慧研究的重要理論基礎，很多人工智慧研究正是應用了控制論之中的方法和手段才取得了突破性的進展。而從整體上來看，人類在人工智慧的研究上，還有很長一段路要走。但伴隨著控制論的不斷發展進步，人類對於人工智慧的研究也將會越走越快，最終抵達成功的彼岸。

# 地標：達特矛斯會議

在人工智慧的發展史上，艾倫·圖靈讓人工智慧從 0 到 1，而將人工智慧從 1 擴充套件到無限大則的過程中，則包含了無數科學家共同的努力。在艾倫·圖靈之後，如果要尋找一個新的人工智慧的發端，那麼在 1956 年美國達特茅斯學院的一場研討會則正是拉開了人工智慧發展的大幕。

在了解 1956 年的達特茅斯學院研討會之前，我們有必要首先了解一些其中的幾位重要人物，當然在當時他們還只是名不經傳的研究者。參加研討會的學者當時一共有 10 名，年齡都在 25 到 40 歲之間。雖然在年齡上，這些人顯得十分稚嫩，但在學術之上，他們卻有著很深的造詣。也正是如此達特矛斯會議才能夠成為人工智慧發展史上的一個重要節點，自此

之後，人工智慧也開始進入了一個大發展的時代。

　　會議的召集者是約翰‧麥卡錫，當時他年僅 28 歲，時任達特茅斯學院數學系的助理教授。麥卡錫在 1951 年取得了數學博士學位，在普林斯頓大學工作兩年之後轉到了史丹佛大學，同樣僅僅兩年之後，麥卡錫來到了達特茅斯學員任教。也正是在這裡，麥卡錫第一次提到了「人工智慧」這個概念，而後他又一步步將這個概念變為了現實，因此被後世稱為「人工智慧之父」。

　　另一個參加會議的主要人物是馬文‧明斯基，他與麥卡錫一樣，當時年僅 28 歲。明斯基在 1964 年進入哈佛大學主修物理，但他的興趣卻十分廣泛，不只在物理學領域，數學和遺傳學也都有涉獵。明斯基在 1950 年於哈佛大學畢業後進入普林斯頓大學研究生院深造，1958 年，明斯基與麥卡錫共同建立了世界上第一個人工智慧實驗室。

　　資訊理論的創始人克勞德‧艾爾伍德‧夏農也是會議的參加者，他在 1936 年獲得密西根大學學士學位，而在 1940 年在麻省理工學院獲得碩士和博士學位，最終在 1941 年進入了貝爾實驗室工作。夏農的資訊熵概念為資訊理論和數字通訊奠定了基礎。

　　紐厄爾是資訊處理語言（IPL）的發明者之一，並編寫了該語言最早的兩個 AI 程式，同時合作開發了邏輯理論家和通用問題求解器。在 1975 年，他與赫伯特‧西蒙一起因為在人工智慧方面的基礎貢獻而被授予了圖靈獎。

　　赫伯特‧西蒙，又名司馬賀，也是達特矛斯會議的主要參與者。他是美國著名的經濟學家、社會學家、心理學家和電腦科學家，被譽為「認知科學」之父。司馬賀在電腦科學和心理學的結合方面做出了卓越的貢獻，從而使認知心理學和電腦科學相結合產生了人工智慧這一新學科，從而推動了人工智慧的發展。

1956 年夏季，達特矛斯會議在美國達特茅斯大學舉辦，整個研討會進行 2 個多月。在這個研討會上，馬文·明斯基的 Snare，約翰·麥卡錫的 α-β 搜尋法和西蒙與紐厄爾的「邏輯理論家」成為了會議討論的亮點。這些理論的提出極大的補充和完善了人工智慧的理論基礎，也為人工智慧的發展提供了重要的動力。

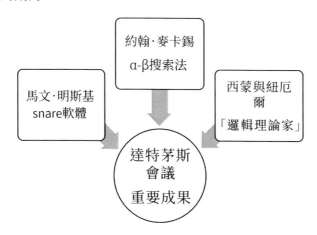

在 1951 年，馬文·明斯基提出了關於思維如何萌發並形成的一些基本理論，同時他還建造了一台名為 Snare 的學習機。Snare 不僅是人工智慧研究之中最早的嘗試之一，同時也是世界上第一個神經網路模擬器。而在 Snare 的基礎之上，明斯基解決了使機器能基於對過去行為的知識預測其當前行為的結果這一問題。

約翰·麥卡錫在達特矛斯會議前後，主要的研究方向是電腦下棋，而這一程式的關鍵則是要減少電腦需要考慮的棋步。正是在這一基礎之上，經過了不斷地研究，麥卡錫最終發明了 α-β 搜尋法。

麥卡錫的這一搜尋法主要減少了搜尋的複雜性，從而讓搜尋行為能夠正常進行。舉個例子來說，如果 A、B 兩個人進行撿石子的遊戲，遊戲要

求 A、B 兩人輪流從石子堆中取 1 個或是 2 個石子。兩人不能多拿，也不能少拿，每次只能在選擇拿走數量 1 或 2 個石子。而誰能夠取走最後一個石子，誰就是勝利者。

這樣來說，A 與 B 就有許多種不同的選擇方法，那麼在這個遊戲中，麥卡錫的搜尋法會造成什麼作用呢？首先我們假設這堆石子一共有 5 個。由 A 首先來拿，他可以選擇先拿 2 個石子，然後剩下 3 個石子。同時他也可以選擇拿 1 個石子，然後剩下 4 個石子。很顯然，如果 A 想要獲勝的話，只要直接選擇拿 2 個石子就可以了，當剩下 3 個石子之後，無論 B 選擇拿 1 個還是 2 個，最後一個石子都將會由 A 拿到，所以這樣一來 A 就能夠成為勝利者。

一般的搜尋法可能會將所有的可能性都考慮到其中，即使出現了 A 能夠直接獲勝的方法，這種搜尋依然會進行下去。很顯然，這樣一來便浪費了大量的時間，搜尋的效率也就自然而然的要低很多。而麥卡錫的搜尋法則解決了這一問題，當搜尋到 A 直接獲勝的方法時，餘下的可能性便不必再去搜尋，這不僅簡化了搜尋的流程，同時還大大提高了搜尋的效率。所以即使到了現在，麥卡錫的這種搜尋法依然是我們解決人工智慧問題之中的一種常用的方法。

在這次研討會上，西蒙和紐厄爾帶來了共同開發的世界最早的啟發式程式「邏輯理論家」，這一程式能夠證明《數學原理》中第二章 52 個定理中的 38 個，從而受到了廣泛關注。作為研討會之中唯一一個可以工作的人工智慧軟體，同時也引起與會代表的廣泛興趣，也正因如此，西蒙和紐厄爾也被認為是人工智慧的奠基人之一。

無疑，對於人工智慧的發展來說，達特矛斯會議是一場意義非凡的會議。這次研討會幫助尚在萌芽階段的人工智慧提供了理論支持和科學依

據。正是在這些理論的引導下，人工智慧才開始了自己飛速發展的階段，並且在各個方面都取得了長足的進步。

　　參與達特矛斯會議的學者也和人工智慧一樣，在會議之後開始大放異彩。除了馬文·明斯基之外，約翰·麥卡錫、赫伯特·西蒙和紐厄爾也都紛紛獲得了圖靈獎，在推動人工智慧向前發展的同時，也取得了個人的輝煌成就。

　　自達特矛斯會議之後，人工智慧進入了大發展的時代，越來越多的研究者湧入到人工智慧領域之中，為人工智慧的發展提供了更為充實的理論支持，在推動人工智慧發展的同時，讓更多的人開始接受和認可人工智慧的發展。

# 陷入低谷的人工智慧研究

　　沒有哪件事情會是一帆風順的，人類對於人工智慧的研究也是如此。前面提到了美國達特矛斯會議開啟了人類對於人工智慧的全面探索，也掀起了人類對於人工智慧研究的熱潮，但在整個人工智慧的發展歷史之中，人類對於人工智慧的研究在一段時間卻陷入了低谷之中。

　　確切的說，人工智慧在發展過程中，一共經歷過兩次低潮期，而這兩次低潮對於人工智慧的發展都產生了重要的影響。

| 1957年 | 1974年 | 1986年 | 1990年 | 2006年 |
|---|---|---|---|---|
| ●神經網路的出現將人工智慧推向第一個高潮。 | ●電腦技術無法完成複雜的大規模資料訓練,人工智慧發展進入第一個低谷。 | ●BP演算法出現使得大規模神經網路成為可能,人工智慧迎來第二次高潮。 | ●人工智慧電腦DARPA未能實現,政府投入縮減,人工智慧進入第二次低谷。 | ●「深度學習」神經網路提出,使得人工智慧性能取得突破人工智慧再一次進入高潮。 |

人工智慧發展歷史中的高潮與低潮

　　人工智慧的第一個低潮期出現在 1974 年,也就是在 1956 年達特矛斯會議之後的 20 年左右,這 20 年也正是人工智慧發展的第一個高潮期。在達特矛斯會議之後,應用邏輯理論成為了人工智慧研發的重點,在這 20 年時間之中取得了很高的成就。而也正是因為這一理論,人工智慧才在 20 年後走向了低谷。

　　首先我們來說一下在達特矛斯會議之後,人工智慧是如何進入發展的高潮期的。前面提到人類在應用邏輯理論的研究方面取得了很高的成就,那麼這個成就有多高呢?在當時人工智慧程式在國際跳棋比賽中戰勝了人類選手,同時一些人工智慧程式還能夠自己解決代數問題。這種程度的成就放在現在的話就好比人工智慧程式在圍棋方面戰勝了人類一樣,結果可想而知,這在當時引發了不小的社會衝擊。

　　同時由於當時國際政治形勢的緊張,以美國為首的西方國家紛紛動用國家的力量來支持人工智慧的研發,這更加促進了人工智慧的發展,甚至在當時,有不少科學家預言在 70 年代時機器人便能夠徹底取代人類而進行工作,同時也有一些科學家認為人工智慧的發展將會為人類帶來毀滅性的災難。但那時的人們並沒有看到災難,也沒有看到機器人的崛起,因為在 1974 年,人工智慧繁榮發展的時代便結束了。

　　原因正如前面所說,在邏輯理論之下的人工智慧程式並不能完成工程

化，更多的人工智慧設計都僅僅只是局限在理論層面上，在投入了鉅額資金和時間之後，並沒有出現真正對於生產生活產生任何價值的人工智慧系統。

當人們發現邏輯證明器、感知器和增強學習等人工智慧技術只能完成簡單的任務和工作時，人們對於人工智慧的研究熱情便開始漸漸消退了。而隨著詹姆斯·萊特希爾爵士為英國科學研究委員會所做的報告問世之後，人工智慧的第一個冬天便正式到來了。

萊特希爾爵士是應用學領域的大師，他在報告之中，透過詳盡的數據和調查結果徹底揭露了當時人工智慧產業的發展現狀，並因此斷言人類對於人工智慧的研究沒有對世界造成任何重要影響。

事實上，萊特希爾爵士在報告之中所列舉數據確實反映出了當時人工智慧研究的尷尬境地。而隨著報告的問世，西方各國紛紛開始大幅度削減對於人工智慧研究的經費，這也使得人工智慧實驗室開始不斷，人工智慧開始進入了一個低潮期。

但幸運的是，第一次人工智慧的冬天並沒有持續太長時間，在 80 年代之後，人工智慧研究又開始出現熱潮。對於這一次人工智慧發展的高潮，具體表現為幾個不同的方面。

首先在之前人工智慧的研究一直以邏輯理論為主流，但這也引發了一系列問題，同時也導致了人工智慧寒冬的到來。而在第二次人工智慧的高潮時期，機器學習開始取代邏輯理論成為研究的主流方向，而以反向傳播演算法為代表的多層神經網路也被研製成功。這些人工智慧技術即使在今天對於人工智慧的研究依然造成重要的作用。

而在 1975 年研製成功的第一台 LISP 電腦，在 80 年代逐漸開始了商業化，到了 80 年代中期，在美國已經有 100 家以上的 LISP 公司。而隨著

電腦技術的發展，美英等西方國家又開始重新進行人工智慧電腦的研究。

在經歷了又一次高潮之後，人工智慧也再一次遭遇了寒冬。隨著 80 年代全球金融危機的到來，各行各業都受到了波及，人工智慧產業自然也難以倖免。隨著資本的扯出，人工智慧產業的泡沫開始破碎，很多與其有關的公司也開始大規模破產。

即使在金融危機過去之後，人工智慧的研究依然沒有從寒冬之中走出來。隨著 90 年代個人電腦的出現，人們對於人工智慧電腦的興趣開始被個人電腦所取代，也正因如此，人工智慧的發展開始進入了一個相對漫長的休眠期。直到最近幾年才開始出現了復甦的跡象。

人工智慧的發展呈現出了一種波浪前進的趨勢，到現在似乎走到了第三個高潮時期。近幾年，人工智慧又呈現出了一種蓬勃發展的趨勢，越來越多的科技公司投入其中。先進的人工智慧裝置也層出不窮，人工智慧似乎迎來了一個最好的時代。但是面對人工智慧，我們依然不能盲目樂觀，沒有人知道人工智慧的第三次寒冬什麼時候會到來，即使這次寒冬不會到來，但我們依然需要時刻保持警惕。

# 「智慧機器」總動員

提到人工智慧，大多數都會將其於機器人連繫在一起，就像是電影《鋼鐵人》中一樣。從人工智慧的發展史來看，在最初階段，人類並沒有發現人類智慧與機器連繫在一起。透過前面章節的介紹我們知道，在達特

矛斯會議之後，人工智慧才開始獲得了廣泛的發展。正是在這一時期，人工智慧學科才慢慢建立起來。

　　而也正是在這一時期，人類才開始慢慢注意到人類智慧和機器之間可能存在的連繫。在達特矛斯會議上，馬文·明斯基曾提到自己對於智慧機器的看法，他認為智慧機器能夠建立周圍環境的抽象模型，如果遇到問題，也能夠從抽象模型之中尋找到相應的解決辦法。人們正是沿著明斯基的這一智慧機器的定義，開始了對於智慧機器人的研究。

| 使用功能分類 | 智慧程度分類 | 已應用類型 |
|---|---|---|
| • 感測型機器人<br>• 自主型機器人<br>• 互動型機器人 | • 工業機器人<br>• 初級智慧型機器人<br>• 高級智慧型機器人 | • 自動化機器人<br>• 膠囊內鏡機器人<br>• 達文西高清晰三維成像機器人手術系統 |

智慧型機器人分類

　　而在智慧機器發展的過程中，回饋理論可以說對於智慧機器造成了至關重要的作用。如果想要簡單的理解回饋理論，我們可以觀察一下自己身邊的溫度控制器，這種裝置能夠將收集到的房間溫度與人們希望獲得的溫度進行對比，從而自動做出反應來增加房間的溫度，或是減少房間的問題，最終造成控制溫度的作用。這正是我們平時所說的「智慧控溫」概念，這一理論對於人工智慧機器的發展產生了很大的影響。

　　早在 1959 年，第一台工業機器人便被發明瞭出來，發明人德沃爾和約瑟夫·英格伯格隨後成立了世界上第一家機器人製造工廠 —— Unimation 公司。

　　這一時期的機器人更像是透過一個電腦來進行控制的機械體，相對來

說自由度會更高，同時透過示教儲存程式和資訊，在工作之中把資訊讀取出來，然後發出相應的指令，這樣機器人便可以根據人類的示教結果來進行自己的動作和行為。一般來說這類機器人並沒有對外界環境的感知能力，更多的是透過人類的示教結果來進行活動。

到了1962年，隨著工業機器人的不斷商業化，越來越多的機器人被出口到了世界各國，這也掀起了全世界對於機器人的研究熱潮。但即使如此，這一時期的機器人仍然是「沒有感覺」的示教型機器人，這一情況一直持續到了1965年Beast機器人的出現。

隨著世界各國對於機器人研究的熱情不斷高漲，20世紀60年代中期開始，美國的多所大學都成立了自己的機器人實驗室。而在1965年約翰·霍普金斯大學應用物理實驗室研製出了Beast機器人，這時的Beast機器人已經能夠透過聲納系統、光電管等裝置，並且根據環境來校正自己的位置。

這一時期的機器人已經擁有了「感覺」，他們主要依靠感測器來感知外部的環境，從而做出相應的動作反應，但是這一時期的機器人依然稱不上是具有智慧的機器人。直到1968年，世界上第一台智慧機器人才誕生。

1968年，美國史丹佛研究所公布了他們研究的機器人Shakey。這台機器人帶有視覺感測器，能夠根據人類的指令發現並且抓取積木。Shakey機器人可以說是最早期的人工智慧，也是世界上第一台全自動的機器人。當時生產機器人Shakey是由美國國防部先進研究計劃局贊助，最初是為了軍事目的。

在當時的時代之中，Shakey無疑是一款超前於時代的產品，所以雖然與前幾代機器人相比更具智慧，但想要依靠它來取代人類基本是沒有可能的。但在當時研發Shakey機器人時所引用到的許多技術，在現在的智慧

機器人研發之中依然在使用。Shakey 作為全球首款具備移動能力的智慧機器人，在電氣工程和電腦科學專案中獲得了 IEEE 里程碑獎項。

在 IEEE 里程碑的引文中對於 Shakey 有著這樣的描述：「史丹佛研究所的人工智慧中心研發了全球首個移動、智慧機器人 Shakey。它可感知周圍環境，根據明晰的事實來推斷隱藏含義，建立路線規劃，在執行計劃過程中修復錯誤，而且能夠透過普通英語進行溝通。Shakey 的軟體架構、電腦圖形、導航方式、開創性的路線規劃都為機器人的發展帶來了深遠的影響，都已經融入到網頁伺服器、汽車、工業、影片遊戲和火星登陸器等設計中。」

的確，在智慧機器人的發展歷史上，Shakey 的出現可以說是一個里程碑式的事件，而在 Shakey 之後，人類依然沒有停止對於智慧機器人的研究。

在 1978 年，工業機器人的技術已經完全成熟，美國 Unimation 公司推出的通用工業機器人 PUMA 直到現在依然在生產線上工作。隨著傳統工業機器人數量的不斷增加，工業機器人市場開始呈現出飽和的趨勢，這也導致了許多工業機器人的積壓，機器人產業也隨之陷入低潮之中。

到了 90 年代之後，從 1995 年開始世界機器人的數量才開始又繼續逐年增加，並保持了穩定的增長率。1998 年，丹麥的樂高公司推出的機器人套件，讓機器人的製造變得像搭積木一樣簡單，人們可以隨意對機器人進行拼裝，這也讓機器人開始走出工廠，走入了普通家庭之中。

1999 年日本索尼公司推出了犬型機器人愛寶，受到了廣大消費者的瘋狂搶購。2002 年丹麥 iRobot 公司推出了吸塵器機器人 Roomba，這款機器人能夠輕鬆避開障礙，自行設計行進路線，當電量不足時，還能夠自己尋找到充電插座進行充電，這款家用機器人也成為了目前世界上銷量最大、最商業化的家用機器人。隨著這些智慧機器的不斷湧現，機器人開始逐漸

走入了普通家庭之中。

　　但在現階段，這些人工智慧機器人所能夠做到的只是對於人類智慧的模擬，他們可以完成人類所進行的某項工作。同時在不斷接受神經網路模型和深度學習演算法的訓練，甚至能夠完成許多人類不能完成的工作，或是在某些領域之中超越人類。但這些智慧機器人更多的還是停留在程式的階段，並不能依靠自己演化出新的能力來，更多的還是需要依靠各種訓練來完成特定的工作任務。在這一點上，他們將會受到對智慧的理解，以及人類對於智慧技術的掌握程度等條件的限制。

　　在未來，智慧機器人的研發方嚮應該是人們告訴他什麼，他就能夠完成什麼，而並不需要在之前進行大量的訓練。雖然在現階段這種想法還只是一個概念，但從人工智慧機器人的發展歷史之中我們也可以看到，正是一個個想法和概念推動著人類對於人工智慧機器人的研究。或許在若干年之後，真正具有智慧的機器人將會不再是科幻電影中的影像，而會真正的走入我們的生活之中。

# 「人類智慧」與「人工智慧」

　　想要去了解人工智慧，首先需要明確「智慧」的定義是什麼？但即使人工智慧已經發展了幾十年，人類對於「智慧」的研究卻仍然處於初級階段。雖然很多古今中外的哲學家和科學家都在不停地探索和研究這一問題，但直到今天，人類依然沒有辦法完全了解「智慧」究竟是什麼。這也

使得「智慧」問題成為了與生命問題、宇宙問題同樣難以被破解的奧祕。

一般來說，從感覺到記憶再到思維的這一過程被稱為「智慧」，而智慧的結果就是產生了行為和語言，人們將行為和語言的表達過程稱為「能力」，將這兩者結合起來就是「智慧」。而智慧過程作為智力和能力的表現，主要是感覺、記憶、思維、語言、行為的整個過程。

隨著科學技術的發展，人類對於自身大腦和神經的研究取得了一定的進展，這也讓人類看到了解決「智慧」問題的希望。但在現階段，人類依然沒有辦法徹底搞清楚自身的神經系統是如何運作的，同時對於人類大腦的一些功能和原理也還沒有認識清楚，不解決這些問題，人類就沒有辦法走向「智慧」研究的未來。

根據人類科學現有的研究，人類科學家從不同的方向已經對「智慧」展開了研究，同時也提出了許多關於「智慧」的觀點。現在我們所說的人工智慧，正是基於人類對於「智慧」現有的了解所開展的研究。

世界著名教育心理學家霍華德·加德納在其「多元智慧理論」中，將人類的智慧劃分為七個不同的類別，分別是語言、數理邏輯、空間、身體 - 運動、音樂、人際、內省、自然探索和存在。這些不同類別的智慧分別代表著人類在不同方面的能力表現，當人類在某一方面的智慧表現較為突出時，他便可以根據這一方面的能力，去從事相關方面的工作，這也會讓他在工作之中更加具有優勢。

在「多元智慧理論」中，語言智慧是指有效的運用口頭語言和文字來表達自己的思想，或者是去理解他人的語言和思想。邏輯只能則是指有效地計算、測量、推理，同時可以進行複雜的數學運算的能力。空間智慧則是指準確感知視覺空間和周圍的一切事物，同時還能夠以圖畫的形式將自己感覺到的形象表現出來。

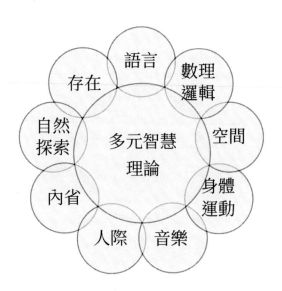

　　身體 - 運動智慧則是善於用整個身體來表達想法和感覺，同時用雙手去生產和改造事物的能力。音樂智慧則表現為個人對音樂節奏、音調、旋律的敏感，以及透過演奏和歌唱來表達音樂的能力。人際智慧是指能夠有效地理解人際關係，並於人交往的能力。內省智慧則主要是指認識自己，能夠正確把握自己的長處和短處，從而進行相應的調整和改變的能力。自然探索智慧則表現為能認識動植物和自然環境的能力。生存智慧則表現為對生命、死亡等問題的思考的能力。

　　可以看到多元智慧理論將人類的智慧劃分為幾個不同的方面，而人類對於人工智慧的研究也正是從這些方面所展開的。在現階段，我們可以看到市場上出現了聊天機器人、運動機器人、推理機器人和音樂機器人等不同類型的機器人，同時也有具備這些綜合能力的機器人。而且在很多方面，這些機器人的能力已經超越了人類，但即使如此，這些機器人依然不能說是具有「智慧」的存在。

　　這個問題要怎麼表達呢？我們下面從聊天機器人入手去理解這個問

題。在聊天方面，其實我們可以將「智慧」的問題轉變為「機器能否理解語言」的問題。我們知道聊天機器人能夠與人類進行簡單的對話，但是它們真的知道人類所說的話，或是自己所說的話是什麼意思嗎？它們真的理解人類的語言嗎？

我們知道人類是用藉助抽象符號使用語言來描述世界的，人類用符號和語言來定義世界上的其他存在，而人類與人類之間因為互相理解符合和語言所表達的意義，所以能夠沒有障礙的進行交流。但這一點對於機器人來說就顯得十分困難了，雖然機器能夠透過翻譯程式來將人類的語言翻譯成電腦語言，但實際上這些機器卻並不懂得這些語言的意義所在。

雖然在現階段人工智慧機器人感知外部環境資訊方面的能力不斷提高，但它們卻依然沒有辦法理解到自己感知到的資訊所表達的意義究竟是什麼。當我們對著人工智慧機器人說一句話時，它可能會有幾種不同的回答等待著我們，但在這裡它卻並不理解我們所說的內容，而是根據自己學習到的內容，作出了回答而已，也可以說這並不是透過它的思考而得到的結果。

而在另一方面，人類除了有感知覺之外，還有情感、意識的體驗，這也是人類智慧之中的一個重要部分。但對於現階段的人工智慧來說，它們往往是沒有情感、意識方面的體驗的。所以即使 AlphaGo 已經橫掃了人類圍棋界，但它卻並不會感到一絲一毫的快樂、開心，或是感受到成就感。雖然專家們也在進行人工智慧機器情感和極其意識的研究，但想要達到人類智慧所具有的情感和意識程度，可能還需要等待很長一段時間。

還有一個方面，人類可以根據自己對於未來的思考，來合理規劃自己的行動，整個過程展現著一種自覺性和主動性。而在人工智慧方面，很多時候它們展開行動往往是受到外力驅動的，或是根據程式來進行行動的。

所以在現階段的人工智慧機器並不具有自覺性和主動性，所以也不會為自己規劃一個更好的未來。所以 AlphaGo 在下棋時，可能並不知道自己在做什麼，它只是在被動的在追求勝利而已。

正如前面章節所提到的一樣，在現階段人工智慧能做到的只是對人類智慧的一個模擬，無論是語言還是行為，人工智慧都很難超越人類智慧而存在。雖然在一些領域人工智慧似乎超越了人類智慧，如果真正從「智慧」的角度去看的話，人工智慧依然還是停留在程式的階段，並沒有辦法演化出新的能力，還需要人類智慧來進行各種訓練，才能完成一些特定的工作。

所以在這一點上來看，人工智慧依然會受到人類智慧的限制。但在未來，人工智慧將會發展到哪一步，在現階段我們是沒有辦法去斷言的。但從現在人工智慧的發展趨勢來看，人工智慧趕上並超越人類智慧是很有可能的事情。

# 第三章
## 人工智慧挑戰人類

# 從「深藍」到 Watson

　　人工智慧將會走向哪裡？這個問題好像離我們很遠，但似乎又時刻圍繞在我們身邊。在考慮人工智慧的未來之前，我們應該首先去了解一下人工智慧的過去，正如上一章節所介紹的內容一樣。而在這一章節之中，我們依然先不去討論人工智慧的未來，而仍然介紹一些人工智慧的過去，當然與前面不同，這一章節我們要主要介紹的是人工智慧戰勝人類的過去。

　　人工智慧的發展已經經歷了 60 年的歷史，雖然是人類一手創造出了人工智慧，但在很多方面，人工智慧已經開始超越了人類。而談到人工智慧戰勝人類的歷史，故事首先要從「深藍」開始講起。

　　「深藍」是美國 IBM 公司生產的一台超級西洋棋電腦，其重量達到了 1270 公斤，配備了 32 個微處理器，從而能夠在每秒鐘計算出 2 億步。在「深藍」電腦之中 IBM 公司為其輸入了兩百多萬局的西洋棋對局，而這些對局都是一百年來優秀的棋手們曾經的對戰數據。正是在此基礎之上，「深藍」開始挑戰人類的象棋高手。

　　「深藍」是一種平行計算的電腦系統，建基於 RS/6000SP，同時還裝有 480 顆特別製造的 VISI 象棋晶片。其下棋的程式是透過 C 語言進行編寫的，同時執行 AIX 的作業系統。關於平行計算，是相對於穿行計算來說的，這是一種一次可以執行多個指令的演算法，目的就是提高計算的速度，同時還可以透過擴大問題求解的規模，來解決大型而複雜的計算問題。

　　說「深藍」與西洋棋世界冠軍卡斯帕羅夫的對決是歷史上第一次人與電腦的對抗其實是不準確的，早在 1963 年，人類與電腦的第一次對抗便

發生了。當時西洋棋大師大衛・布龍斯坦懷疑電腦本身具有的創造能力，所以決定自己與電腦在下棋方面進行一次比賽。在最初比賽時，布龍斯坦讓了一個後（西洋棋中的一個棋子），但當對局進行到一半時，電腦便已經將布龍斯坦的棋子吃掉了一般。很快大師開始了與電腦的第二次對局，但這一次卻不再讓子了。

但當時西洋棋大師布龍斯坦與電腦的對局並沒有迎來太多的關注，一直到 1996 年，超級電腦「深藍」挑戰卡斯帕羅夫時，「人機大戰」才正式進入人們的視野之中。在 1996 年的對抗之中，「深藍」以 2-4 輸給了世界冠軍卡斯帕羅夫，但在經過了一段時間的改良調整之後，「深藍」再一次向卡斯帕羅夫發起了挑戰。

在 1997 年 5 月 11 日的比賽中，超級電腦「深藍」以 2 勝 1 負 3 平的成績戰勝了當時世界排名第一的西洋棋大師卡斯帕羅夫。在當時按照西洋棋的路數來算，世界冠軍卡斯帕羅夫可以預判出 10 步，而「深藍」依靠強大的計算能力則可以預判出 12 步。在比賽結束之後，卡斯帕羅夫的心情久久不能平復，雖然想要繼續與「深藍」展開對局，但遺憾的是，在比賽結束之後，IBM 公司便拆卸了「深藍」，而這也成為象棋大師的一大遺憾。

實際上，當時的超級電腦「深藍」並不能算得上是人工智慧，因為「深藍」但是並不具備機器學習的能力，更多的則是依靠軟體能力取勝。在「深藍」出名之後，越來越多的西洋棋軟體開始湧現出來，人類對於西洋棋的掌控也變得越來越弱。隨著西洋棋軟體程式的不斷發展進化，人類棋手越來越難以與之抗衡。

「深藍」戰勝西洋棋世界冠軍的過程並不輕鬆，但在其基礎之上誕生的「Watson」則要表現的更加輕鬆一些。「Watson」同樣是美國 IBM 公司

研製的一款電腦系統，雖然是「深藍」的同門後輩，但「Watson」在能力上卻要遠強於「深藍」。相較於「深藍」並不具備機器學習能力，「Watson」可以說是 IBM 人工智慧的傑出代表。

《危險邊緣》是美國哥倫比亞廣播公司的一個一直問答遊戲節目，這個節目主要以獨特的問答形式來進行，其問題設定的涵蓋面非常廣泛，從歷史、文學、藝術，到科技、體育、流行文化，涉及到了人類生活的各個領域。而且在這個節目之中，選手需要根據以答案形式提供的各種線索，以問題的形式做出簡短的回答，可以說在形式上是與其他問答節目相反的。這也就要求選手不僅要具備各個方面的基礎知識，同時還需要了解一些反諷和謎語方面的內容，運用一些邏輯思維。

一般來說，這種類型的比賽對於電腦來說是並不擅長的，但「Watson」在 2011 年偏偏就參加了這樣的節目，而且在比賽之中，擊敗了但是兩位人類的頂尖選手，最終成為了冠軍。這也成為了繼「深藍」戰勝人類之後，在人工智慧領域的又一代表性事件。

事實上，當時在「Watson」背後有 90 台 IBM 的伺服器，360 個電腦晶片驅動，同時「Watson」還搭載這 IBM 自行研發的 DeepQA 系統。從硬體裝備上來說，「Watson」擊敗人類選手獲得勝利便是理所當然的事情了。

| 「深藍」 | 「Watson」 |
| --- | --- |
| • 32個微處理器支撐<br>• 480顆VISI象棋晶片<br>• AIX作業系統 | • 90臺伺服器支撐<br>• 360個電腦晶片<br>• DeepQA系統 |

從「深藍」到「Watson」

IBM 作為一家具有百年歷史的科技大廠，同時也是全球最大的資訊科技和業務解決方案公司，作為早期涉足電腦研究的公司，對於人工智慧的研究自然不會落後於別人。IBM 已經將人工智慧的研究作為未來重要的策略研究重點，也正因如此，「Watson」便需要承擔更加艱鉅的使命，而不僅僅只是成為一個在智力競賽中戰勝人類的機器。

與「深藍」的命運不同，「Watson」並沒有遭到拆解，反而在 IBM 公司的研發下，一步步走向了商業舞台之中。在之前「Watson」的工作更多的是記憶人類已知的眾多複雜知識，而在未來，「Watson」則開始向著人類未知的人工智慧領域邁出了腳步。

最初，IBM 公司將「Watson」運用在了生命技術和生命科學的研究上，「Watson」可以掃描並解讀數以百萬計的科學文獻，這讓研發團隊的工作進度得到了大幅提升。而不僅如此，「Watson」還能夠根據自身獲得的數據資訊，進行合理分析，從而產生出各種新的極具價值的假設。可以說在這一方面「Watson」儼然成為了研發團隊的另一個大腦。

「Watson」在數據綜合方面具有得天獨厚的優勢，這也讓它在應對這些工作時顯得更加具有價值。因為這一點，一些只要公司也紛紛向「Watson」尋求幫助，美國強生依靠「Watson」開發了一個系統，用來分析臨床治療之中不同方法產生的效果，以及其是否具有安全性。

在藥物研究方面，如果按照以往的分析研究方法，不僅過程緩慢、枯燥，同時還需要付出高額的研發費用，並且整個過程出現錯誤的機率是非常高的。而讓「Watson」去綜合這些數據去分析的話，不僅能夠節省研究經費，同時也能夠更加高效的完成整個研究工作。但對於 IBM 公司來說，「Watson」的商用價值並不僅僅局限於這些方面，它應該能夠在更多的領域之中發揮自己的能力。

在 2015 年 1 月，IBM 公司宣布成立了一個新的業務部門——IBM Watson Group（沃森業務部），IBM 公司預計在未來幾年內投入 10 多億美元來發展這個部門。可以看出 IBM 希望能夠透過「Watson」打造一個生態系統，透過雲端平台將「Watson」開放給所有人，這也將成為未來 IBM 的一個重要的發展策略。

從「深藍」到「Watson」，人工智慧已經從人機對戰已經逐漸走向了更加寬廣的舞台，也正是這樣，我們才能迎來一個嶄新的人工智慧時代。

# 圍棋魔鬼終結者 AlphaGo

當人們還沒有走出前一次被 AlphaGo 擊敗的「恐懼」，想盡辦法尋找扳回一城的機會時，AlphaGo 又一次完成了進化。Google 下屬公司 Deepmind 推出了新版程式 AlphaGo Zero，在前面的章節之中，我們也介紹過新版的 AlphaGo 程式的內容，可以說新版的 AlphaGo Zero 程式已經將 AlphaGo 程式遠遠的拋在了身後，也可以說人類在圍棋方面與電腦之間的差距又一次被拉開。

想要了解人工智慧的發展，我們有必要詳細了解一下 AlphaGo 的前世今生，作為人類智慧的創造物，AlphaGo 一步步趕上並超越人類，從而在圍棋領域成為了獨孤求敗的存在。我們不得不對此產生一種緊迫感和危機感，人工智慧是否會在其他領域之中超越人類呢？這是我們必須要仔細思考和面對的問題。

AlphaGo 是一款人工智慧程式，是由 Google 公司旗下 Deepmind 公司戴維‧西爾弗、艾佳‧黃和他們的團隊共同開發的。其中 alpha 是希臘字母表的第一個字母，有開端和最初的含義。而 go 則是一種日本對圍棋的叫法，最早的圍棋職業化和段位制都是從日本的棋院發展而來的，所以 AlphaGo 理解起來也可以看做是第一個智慧圍棋的意思。

從戰績上來看，首先早在 2015 年時，AlphaGo 便以 5：0 的比分橫掃了曾三次斬獲歐洲圍棋冠軍的職業二段棋手樊麾，而後緊接著又以 4：1 的比分戰勝了韓國頂尖棋手李世乭，也正是在此時，AlphaGo 開始逐漸名聲大噪起來。

然而，AlphaGo 並沒有停下自己前進的步伐，在 2017 年 AlphaGo 完成了程式的升級。在網路對戰之中，它一舉戰勝了數十位中外圍棋選手，最終以 60 場勝利完勝人類。在這之後，AlphaGo 又將自己的目標對準了當時世界排名第一的中國圍棋選手柯潔，面對 AlphaGo 的挑戰，柯潔果斷應戰，但依然卻以 0：3 的比分敗於 AlphaGo 的手下。這場在圍棋領域之中頂級的「人機大戰」不僅讓 AlphaGo 再一次聲名遠播，同時也讓人工智慧重新成為了全世界關注的焦點。

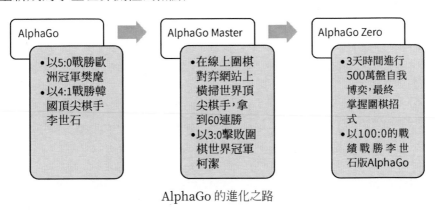

AlphaGo 的進化之路

其實，在過去的人工智慧研究之中，科學家們一直在嘗試讓電腦學習下棋。從最初的跳棋，到 90 年代「深藍」學習的西洋棋，現在 AlphaGo 又開始在圍棋領域開疆擴土。我們知道圍棋要比西洋棋複雜很多，在西洋棋之中，基本上一個回合可能會有 35 種可能，整盤棋可能只有 80 個回合。而在圍棋之中，在每回合將會有 250 種可能，整盤棋可以經歷 150 個回合之多。

圍棋由於變化多端，有著「千古不同局」的說法，透過電腦的演算法是無法輕易攻克的，因此圍棋也被視為人機對決的「最後一塊棋盤」。人工智慧在圍棋領域的發展是比較緩慢的，人工智慧是透過自身接觸到的龐大數據提高學習能力的，所以在圍棋領域，如果人工智慧將所有可能出現的數據羅列出來的話，那麼對於其數據的承載量將是一個極大的考驗。相對於人工智慧機器，人類之所以能夠輕鬆地學習圍棋，是因為人類可以透過人腦輕鬆地分析出當前的形勢，從而做出相應地判斷。

所以相比於前幾代下棋機器人來說，AlphaGo 要強大的多，即使是同一時代的人工智慧機器人，在 AlphaGo 面前也會顯得相形見絀。在與其他人工智慧機器人的 500 場圍棋對局中，AlphaGo 只輸掉了其中的 1 場，而很多時候 AlphaGo 還是在讓子的情況下，獲得了比賽的勝利。之所以能夠不斷的進化升級，主要是因為 AlphaGo 可以進行自我學習，這也是它優於其他人工智慧的地方。

AlphaGo 的主要工作原理是「深度學習」，這是一種多層類神經網路和訓練的方法，就像生物神經大腦的工作機理一樣，透過合適的矩陣數量，多層組織連結在一起，從而形成神經網路的「大腦」，最終用來進行精準複雜的處理工作。事實上，AlphaGo 是透過兩個不同的神經網路系統來不斷改進自己的下棋能力的，這些系統與網際網路搜尋引擎辨識圖片在

運作結構上是十分相似的。

對於 Deepmind 公司來說，研發 AlphaGo 的目的並不僅僅是為了讓他在圍棋領域戰勝人類，更為主要的是要讓 AlphaGo 成為人工智慧研究的先驅者。這與 Deepmind 公司的目標也是一致的，Deepmind 公司的目標是將所有人工智慧研究的專家聚集在一起，從而去一同推動人工智慧的發展，最終使其成為人工智慧領域的阿波羅計劃。

Deepmind 公司的創始人認為人工智慧的研究應該分為兩步走，首先是了解什麼是智慧，而第二步則是利用這些技術去解決一些通用性的問題。具體在實現方法之上，最核心的概念就是「學習」，讓人工智慧系統透過已經掌握的經驗，來進行自我學習，從而提出新的問題的解決方案。而電腦的這種自我學習能力正是透過深度學習和強化學習來實現的。

作為 Deepmind 公司最為重要的人工智慧程式，選擇讓 AlphaGo 學習圍棋，就是為了讓它能夠在不斷地學習過程之中，學會進行「思考和創造」。在圍棋之中，每一個棋子的位置都有可能會影響到整盤棋局的最終走向，所以下棋者需要不斷考慮未來的棋路走向，這不僅需考慮自己的棋路走法，還需要不斷預測對手的落子位置。可以說在這個過程之中，產生的變化時無窮無盡的。

事實上，從 AlphaGo 與人類圍棋高手的幾次對局之中可以發現，它似乎已經具有了一定的創造性，雖然這種創造力還僅僅局限在下圍棋方面。但顯然 Deepmind 公司並不打算將 AlphaGo 身上的這種技術僅僅局限在下圍棋這一方面。

在 2016 年，Deepmind 公司便已經在醫療領域進行了相應的探索，透過與英國國家醫療服務體系合作，Deepmind 公司將與 Moorfields 眼科醫院共同開發一套能夠由於早期辨識視覺疾病的機器學習系統。這一系統可

以透過對於人們眼球掃描圖像的分析，來發現糖尿病視網膜病變和老年性黃斑病變的一些早期症狀。從而對患者做出提前預警，避免這些病症逐漸發展而帶來的危險。

很多人認為 AlphaGo 在圍棋領域擊敗了人類最強選手，這可能會影響到圍棋運動的發展，但實際上，對於那些真正熱愛圍棋運動的人來說，這一點似乎並不是重要的。可能在不久的未來，人工智慧還會在許多不同的領域之中擊敗人類，但這也並不是最重要的。就如武俠小說中的獨孤求敗，到達了頂峰之後往往會感覺到一種莫名的空虛，而現在在人類面前有一座大山橫亙在前，這也可能會激發更多的人去翻越大山，而不是在大山面前止步不前。

AlphaGo 作為人工智慧技術的產物，充分展現了人工智慧在應用領域的先進性，雖然 AlphaGo 的能力現在只能在圍棋領域所展現，但人工智慧技術卻可以影響到現代社會的方方面面。對於已經處在頂峰的 AlphaGo 來說，它的使命也還並沒有完成，雖然在圍棋領域登上了頂峰，但依然有著許多困難等著它去挑戰。AlphaGo 並不是人類的挑戰者，它更像是人工智慧研究過程中的開路先鋒，幫助人類不斷突破前進的障礙才是它最為本質的工作。

# 比女友更好的「Siri」

　　如何打發一個人的無聊時間？這是大多數單身人士經常會遇到的問題，讀書、看電影、玩遊戲都可以用來消磨時間，但這些活動卻很少能夠解決人們的無聊情緒。想要解決無聊的問題，只要找一個能和自己聊得來的人就好了，但對於不善言談的人來說，這種事情似乎更難做到。但在人工智慧時代之中，解決這種無聊有了一個新的方法，你可以選擇與人工智慧進行聊天，而且你會發現，它們要比女友還要好。

　　近年來，隨著人工智慧再一次成為全世界關注的焦點，越來越多的人工智慧產品也開始走入了我們的生活。從人工智慧技術的角度來看，其可以分為幾個並不相同的子類別，包括神經網路、深度學習和自然語言的不同的分類，每一個類別都將會對我們的生活造成重要的額影響。在現階段，大多數人所接觸到的可能更多的表現在人工智慧語音方面，而因此類別的技術而生產出的代表產品就是 Siri

　　Siri 是蘋果公司的一款智慧語音助理，最初只在 iPhone4S 上，現在在蘋果公司的手機和平板電腦上都可以使用到。使用者透過語言可以讓 Siri 幫助自己完成一些簡單的工作，包括讀手機資訊，尋找合適的餐廳或者進行一些手機設定等操作。除了獲取一些生活資訊外，使用者還能夠透過 Siri 來收看這種相關的評論，或是選擇透過 Siri 來訂購一張球賽的門票。而想要實現這一切的功能，使用者只需要透過與 Siri 對話就能完成。

　　現在的 Siri 已經成為了蘋果電子裝置中的一大必備程式，在蘋果公司最近更新的 iOS 11 系統之中，Siri 的聲音變得更加自然生動，從而使其聽

上去更加像人類的聲音表達，而不再像之前版本那樣在說話時具有過重的機械感。同時在智慧方面，新版本的 Siri 也要明顯高於前面幾個版本。

```
siri的功能

• 查閱名詞
• 創建備忘
• 時間設置
• 智慧通訊
• 音樂辨識
• 郵件助手
• 智慧算術
• 生活服務
• 應用管理
• 語音互動
```

蘋果公司應用深度學習等人工智慧技術大大提升了 Siri 的語音辨識能力，現階段的 Siri 已經能夠辨識 95% 的使用者語音，雖然在一些方面還存在著問題，但這與最初的 Siri 相比已經取得了巨大的進步。

Siri 最初的開發者是一個由 24 人組成的創業團隊，隨後這支創業團隊被蘋果公司收購，在蘋果公司的支持下，Siri 的研發進入了快速發展時期。Siri 最初創作成為一個「活在另一個世界裡，對流行文化略知一二，並且喜歡損人」的存在，正因為這種獨特的「個性」，Siri 在最初回答問題時，往往也是十分幽默風趣的。

如果向 Siri 詢問與健身房有關的事情時，Siri 有時會以「握手機的手一點勁都沒有」來嘲笑你。有些時候它甚至會忽略你的問題，而回答一些你並沒有詢問的問題。在 Siri 最初的詞彙庫之中，甚至還存在著一些不太雅觀的語言，從這一方面來看，Siri 似乎像是一個不良少年一樣。

　　但對於蘋果公司來說，這種過於口語化的語言風格對於 Siri 未來的發展並沒有太多的好處，所以蘋果公司決定在語言風格方面對於 Siri 進行一次改造，讓它在保持幽默感的同時，變得老實一些。在 2011 年 10 月，Siri 從單語言拓展到了多語言，同時也增加了語音朗讀功能。事實上，之前的 Siri 是並不會「說話」的，只能用文字的形式來回答問題，是從這次改造之後，Siri 真正學會了開口說話。

　　Siri 最初的技術來源於美國國防部高階研究規劃局公布的 CALO 計劃，該計劃希望創造一個讓軍方簡化處理一些繁複庶務，並且具有學習和認知能力的數字助理。而對於 Siri 未來的發展方向，蘋果公司的設計團隊認為 Siri 的目標是成為一款「do engine」。它讓人們能夠和網際網路直接進行對話，不同的是，Siri 可以直接透過對話來完成任務，而其他的搜尋工具則顯得更為複雜一些。

　　在未來，設計團隊希望 Siri 能夠成為一款更加智慧的生活助手，它能夠提前預判我們的需求，並在我們提出問題之前，就會找到我們所需要的東西。這也是未來人工智慧助手在我們生活之中的一個定位，隨著人工智慧助手逐漸滲透進我們的生活，我們將會有更多的時間去做自己想做的事情，而不再被那些簡單的事情所牽絆，因為這些事情交給人工智慧助手就可以搞定。

　　除了蘋果公司的 Siri 外，亞馬遜公司的 Alexa，微軟公司的 Cortana，Google 公司的 Assistant 也是當前十分優秀的人工智慧助理。甚至在很多時候，它們的表現已經超過了蘋果公司的 Siri。

　　提到亞馬遜公司的 Alexa 就不能不提它的智慧音響產品 Amazon Echo，Alexa 作為一款人工智慧助手，可以說是 Amazon Echo 的大腦。在外觀上，Amazon Echo 與普通的藍芽音箱並沒有太大區別，唯一的不同

之處在於其搭載了智慧語音助理 Alexa，所以人們可以透過簡單的語音指令，來讓 Alexa 完成很多日常生活中的瑣事。

使用者在使用 Amazon Echo 時，只需要先說一聲「Alexa」，然後就可以開始向它詢問各種問題，也可以要求它去完成各種不同的簡單工作，包括前面我們說過的查詢資訊、播報新聞或者是播放音樂等。而 Alexa 的功能還遠不僅於此，它還可以和各種不同的智慧家居裝置進行互動，這樣一來使用者便可以透過語音直接對 Alexa 下命令，從而調整其他智慧家居的配置，包括調節智慧冰箱的溫度，控制恆溫器或者是調節客廳燈光的兩度等等。

Cortana 則是微軟公司發布的第一款個人智慧助理，這也是微軟公司在機器學習和人工智慧領域進行的一次重要嘗試。對於微軟公司來說，讓 Cortana 與手機使用者進行智慧互動，並不是簡單的基於儲存式的問答，而是應該透過對話的形式。Cortana 實現人機互動的方式，主要是透過記錄使用者的行為和使用習慣，並且透過雲端計算和搜尋引等技術工具，來理解使用者的語義和語境。

Google 公司在 2017 年 2 月宣布，Google 將在即將執行新版 Android 系統的手機上推出語音助理 Assisitant。Assistant 可以響應使用者的口頭和書面命令，還能夠進行一些簡單的工作。但搭載在不同的平台之上的 Assistant 在功能上也表現的有所不同。相較於 Google 之前的產品 Google Now 和 Google 搜尋，Assistant 在功能上會更加全面一些。

在未來的人工智慧產業的軍備競賽之中，人工智慧語音助理必然將成為眾多公司競爭的焦點所在。而隨著功能更加全面的人工智慧助手的出現，我們在生活之中也將會感覺到更多的便利。可能到時候，我們需要做的只是選擇一個適合自己的人工智慧助手。

# 「小度」的最強大腦

　　沒有人能夠準確預測未來技術的發展，正當人類在自詡為最高等級的智慧體時，AlphaGo 出現了。作為 Google 研發的一款以深度學習技術為基礎的人工智慧程式，AlphaGo 已經接連擊敗了許多人類圍棋高手。其中在 2016 年 3 月，AlphaGo 以 4：1 的比分戰勝了韓國圍棋高手李世乭，而在 2017 年 5 月，AlphaGo 的升級程式又以 3：0 的成績戰勝了圍棋世界冠軍柯潔。可以說在圍棋領域之中，AlphaGo 已經達到了頂峰。

　　前面也已經提到過 AlphaGo 在技術方面的優勢，因為深度學習技術的應用，AlphaGo 可以不斷進行自我學習，從而完成自我的升級。在另一方面，作為一款人工智慧程式，AlphaGo 不會像人一樣感覺到疲勞，所以能夠始終不停的開展工作。在這一點上人類是無法與智慧機器相抗衡的，而且人工智慧不僅在下棋這一個方面超越了人類，在一些其他的領域中，它們也在不斷的向人類發起進攻。

　　從西洋棋到圍棋，再到智力問答、德州撲克，人工智慧開始在各個方面全面完成了對於人類的超越，這一系列的「人機大戰」讓人們看到了人工智慧所蘊含的無限能量。面對著即將到來的人工智慧時代，各大網際網路公司也紛紛推出了自己的人工智慧產品。作為中國最早布局人工智慧領域的網際網路公司，百度也推出了自己的人工智慧機器人「小度」。

　　小度機器人依託於百度的人工智慧技術，繼承了自然語言處理、語音視覺和對話系統，不僅能夠輕鬆的與使用者進行資訊和服務的交流與合作，同時還能夠辨識複雜的圖像資訊，從中找到使用者所需要的關鍵內容。隨著自身技術應用的不斷成熟，誕生不久的小度機器人便向人類發起

了挑戰，這一次小度機器人並沒有挑戰人類的下棋能力，而是直接向人類的「大腦能力」發起了挑戰。

《最強大腦》是江蘇衛視引進的一檔大型科學經濟真人秀節目，在 2014 年 1 月 3 日開播。節目主要邀請一些頂尖高手進行專案挑戰，這些選手往往都具備諸如記憶力、視力、智力等方面的特殊才能，經過科學家的專業評判，最終選出能夠代表中國的選手，與國外選手進行腦力比拚。

而在 2017 年第四季的《最強大腦》之中，一位特別的選手引起了觀眾的注意。那就是由百度人工智慧團隊所研發的人工智慧機器人「小度」。小度機器人一共與人類頂尖腦力高手們進行了三場不同類型的比賽。

第一場是人臉辨識能力的比拚，小度機器人的對手是最強大腦名人堂的王峰。比賽共分為兩輪，在第一輪中，嘉賓從 20 張蜜蜂少女隊成員的童年照片中挑選出 3 張比較有難度的照片，選手們透過動態錄影表演將 3 張照片和現場的少女進行匹配。第二輪則要求選手共同觀察一位 30 歲以上的觀眾，然後將他從 30 張小學集體照中找尋出來。

小度機器人和王峰第一輪需要辨識兩個對象。對於第一個對象的辨識兩人都回答出了正確答案。但當到了第二個對象的辨識時，小度機器人出人意料地給出了兩個答案，這所有人都以為「小度」出現了故障，但當節目組查證後發現，在可供選擇的辨識對象之中存在著一對雙胞胎，而正確的答案就在這個雙胞胎之中。小度機器人經過辨識之後給出了 72.98% 和 72.99% 兩個十分相近的答案，最終經過百度首席科學家吳恩達確認，選擇了 72.99% 的正確照片，而這一輪王峰辨識出現錯誤，比分成為了 1：0。在第二輪比賽之中雙方都辨識出了正確答案，最終小度機器人以 3：2 戰勝王峰，取得了第一場比賽的勝利。

　　第二場比賽在小度機器人和聽音神童孫亦廷之間展開，比賽從上一期的「千里眼」改為了這一期的「順風耳」，上一場「小度」已經在「千里眼」的專案之中勝出了，現在小度機器人要挑戰的是人類的「順風耳」。

　　比賽開始後，嘉賓首先從 21 位性別相同、年齡相近、聲線也十分相似的專業合唱團中，選擇出三個人。然後這三人每人讀一句話，經過加密處理之後，原本通順的聲音變成了斷斷續續的聲音。最後要求小度機器人和孫亦廷透過處理後的聲音辨識出嘉賓所選的三位合唱團成員的聲音。經過了緊張激烈的比賽，最終小度機器人和孫亦廷戰成了 1：1 的平局，在與人類的對抗之中，小度暫時以 2 局一勝一平取得了領先。

　　第三場比賽由小度機器人對陣最強大腦的常勝將軍鬼才之眼王昱珩，比賽要求兩位選手透過三段在天黑時分別從行車記錄器、高速攝影機和女生手機中拍到的模糊動態影像中，辨識出三位「嫌疑人」的特徵，然後根據這些特徵，再從現場的 30 位性別相同、身高體重都相近的候選人照片中準確地找出三位「嫌疑人」。

　　最終，在三位「嫌疑人」的判斷之中，由於王昱珩對於所選答案的不確定，導致自己將正確答案劃掉，選擇了錯誤的答案，所以判斷錯了第一位「嫌疑人」。而在成功判斷出第一位「嫌疑人」後，小度機器人也判斷錯了第二位「嫌疑人」，同樣王昱珩也是判斷失誤。最後在第三位嫌疑人的判斷中，王昱珩依然出現了失誤，小度機器人成功選中「嫌疑人」，從而以 2：0 戰勝王昱珩。

　　在與人類最強大腦的對抗之中，「小度」一路過關斬將，以 3：1 的比分分別在人臉辨識、聲音辨識和模糊辨識專案中戰勝了三名中國的「最強大腦」，成功進入到了全球腦王的爭霸賽之中，並與其他選手一起獲得了「腦王」的稱號。

三場不同類別的比賽，分別考驗了小度機器人在人臉辨識、語音辨識和模糊辨識方面的能力，而小度機器人在研發之時也正是應用了這些人工智慧的關鍵技術。

## 小度機器人「特別能力」

- 影視資源搜索
- 健康飲食規劃
- 趣味知識問答
- 個性新聞推送
- 智慧備忘提醒

百度從網上公開的人臉照片、影片圖像和面向大眾徵集的圖片之中，收集了超過 2 億張圖片。其目的就是為了提高小度機器人的人臉辨識能力，而為了解決跨年齡段的人臉辨識問題，百度選擇了度量學習的方法，透過學習一個非線性的投影函式，把圖像空間投影到特徵空間之中，而在這一特徵空間之中，同一個人在不同年齡的兩張臉的距離會比不同人在相似年齡的兩張臉的距離要小。

雖然在比賽之中戰勝了人類選手，但小度機器人依然在很多方面存在著不足之處。魏坤琳教授認為小度機器人在語音辨識方面還有著明顯的不足，這一點還需要向人類好好學習。在他看來，人類的語言中有非常多的資訊，比如說情感資訊，同樣一句話，急躁的時候、生氣的時候，都是不一樣的。人工智慧需要理解這些聲音到底有什麼樣的特性，而這一方面應該是人工智慧核心挑戰。

雖然小度機器人在一些方面還並沒有完全成熟，但在一些實際應用之

中，小度機器人卻已經解決了一些當今社會中存在的問題。

兒童走失是中國現今社會存在的一大問題，而在尋回走失兒童的案例中經常會出現一個現象，那就是當走失的孩子被找到時他們的樣貌已經發生了很大的改變，所以這成為了一個困擾兒童走失尋回的重要問題。但如果透過人工智慧的技術手段，利用人臉辨識技術便能夠解決跨代人臉辨識的問題。

百度深度學習實驗室負責人林元慶表示，百度的這項技術已經可以穩定的執行並服務於全社會了。在 2017 年的 3 月，百度和「寶貝回家」開展合作，將超過 6 萬條尋親圖片的數據資訊成功接入到了百度跨年齡人臉辨識系統之中進行比對評測。其中已經成功確認了一例，並且父母和孩子的 DNA 匹配也已經成功。

小度機器人依然在不斷完善自身的功能，伴隨著人工智慧的不斷發展，小度機器人也將會掌握更多的先進人工智慧技術，從而更好的幫助人們解決社會生活中出現的各種問題。在人工智慧時代之中，我們將會更多的享受到人工智慧技術為人類生活帶來的便利和改變。


# 看穿一切的「千里眼」


在人工智慧時代，我們還需要用身分證來證明自己的身分嗎？身分證對於我們每個人都有著重要的作用，應該說在很長一段時間之中，它的作用並不會被其他的事物所取代。在現階段我們在辦理很多事情時都需要用

到身分證，從而證明我們自己的身分。但是隨著人工智慧技術的發展，在人工智慧時代之中，除了身分證之外，我們將會有更多的東西來證明自己的身分，而且這些東西都是我們與生俱來，並且獨一無二的。

前不久，蘋果公司推出了自己的十週年紀念版手機 iPhone X，雖然在價格上被稱為蘋果史上最貴的手機，但同時從功能上來說，這一價格似乎也並不是難以接受。在 iPhone X 的諸多功能之中，Face ID 技術引起了使用者的廣泛關注。

蘋果公司認為 Face ID 技術是「解鎖手機和保護使用者資訊的未來」，當使用者在看著手機的時候，它會向使用者的臉部投射 30000 個不可見的 IR 點，透過手機的攝影頭來捕捉並且拍攝圖像，然後將其與手機中儲存的面部圖像進行對比。雖然聽起來這是一個複雜的過程，但實際上整個過程都是實時發生的。

即使使用者更換了髮型或是戴上了眼鏡、帽子等裝飾物，蘋果的 Face ID 依然可以正常的工作。如果因為時間的推移，使用者的臉部發生了一些變化，iPhone X 依然會針對實際情況來做出相應的處理。而在整個過程之中，使用者需要去做的，只是用自己的臉去盯著手機就好了。

其實 iPhone X 中的 Face ID 技術就是人工智慧領域之中的臉部辨識技術，如果從更大的類別來看的話，這一技術則屬於生物辨識技術的範疇之中。蘋果前幾款手機所搭載的 Touch ID 技術也屬於生物辨識技術的範疇。而在三星推出的 Galaxy Note7 手機中配備的虹膜辨識，也歸屬於生物辨識技術。那麼生物辨識技術究竟包括哪些具體的技術內容呢？下面我們就來具體去了解一下。

生物辨識技術從定義方面來講，是透過電腦與光學、聲學、生物感測器和生物統計學原理等高科技手段密切結合，而後利用人體固有的生理特

性和行為特徵來進行個人的身分鑑定。在這裡，人體的固有生理特性包括前面提到的指紋、人臉、虹膜等，而行為特徵則包括走路形態、聲音、書寫筆跡等內容。

在前面我們提到了身分證對於我們證明身分的重要性，身分證可以說是一種身分標識物品，其他的同類物品還有鑰匙或銀行卡等。使用這些身分標識物品鑑定我們的身分，可以說是較為傳統的身分鑑定方法，而我們在一些網站或客戶端上面註冊的使用者名稱和密碼也是一種傳統的鑑別我們身分的方法。我們知道這些傳統的身分鑑定物很容易出現遺失或者被盜竊，這樣我們的身分就很容易被其他人說冒充，從而對我們自身和財產安全造成一定的風險。

但以生物辨識技術為代表的身分鑑定方法則可以很好的避免這種風險的產生，相比於傳統的身分鑑定方法，生物辨識技術更加安全和方便，而在保密性上也是遠高於傳統的身分堅定方法。生物辨識技術不僅不容易被遺忘、同時也很難被人偽造和偷盜，這便讓我們的自身和財產安全得到了很高的保障。

在 2007 年到 2013 年間，生物辨識技術的全球市場規模年均增速達到了 21.7%，在 2020 年時，生物辨識技術的全球市場規模達到 250 億元，並仍將保持很高的增長速率。在生物辨識技術之中，指紋辨識作為最早出現的生物辨識技術，也是被應用的最多的一項生物辨識技術。之所以會保持如此告訴的增長趨勢，主要是得益於技術的進步以及，電子元器件價格的下降。

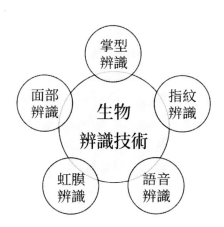

　　近年來隨著各種電子元器件和微處理器的成本不斷下降，生物辨識技術獲得了很大的進展。而電子元器件測算精度的不斷提高更為生物辨識技術提供了一個重要的發展動力。這也使得生物辨識技術的商業化程式不斷加快，在我們的日常工作生活中感應門、打卡機、企業考勤管理系統都是生物辨識技術的重要商業化應用。而基於生物固有的特徵，生物辨識技術也逐漸發展為掌型辨識、指紋辨識、臉部辨識、語音辨識和虹膜辨識等幾種不同的類別。

　　正如前面所說，指紋辨識是目前應用最為廣泛的生物辨識技術，不僅成本價格低廉，而且技術成熟度也很高。在指紋辨識方面，有些辨識方法是透過比較指紋的區域性細節，有些則是直接透過全部特徵進行辨識，甚至很多時候還能夠透過指紋的波紋邊緣模式來進行辨識。但雖然辨識方法眾多，應用廣泛，指紋辨識依然存在著一些顯見的缺點，易於複製使得指紋辨識存在一定的安全隱患，而指紋容易磨損則為指紋辨識的準確度造成了一定的困擾。

　　掌型辨識與指紋辨識比較相似，但手掌的幾何學辨識顯然要比指紋辨識更加準確和方便。掌型辨識是透過測量使用者的手掌和手指的物理特徵

來進行辨識的。掌型辨識在使用時可以靈活地調整其效能從而適應更加廣泛的使用要求，同時其適用範圍也非常廣泛，能夠較為容易的整合到其他的系統之中，所以也成為了生物辨識專案中的一個首選技術。

虹膜辨識主要是利用人眼圖像中虹膜區域的特徵形成一種特徵模板，然後透過比較這些特徵引數來進行最終的辨識。虹膜辨識並不需要使用者與機器發生接觸，同時在匹配性上能夠實現更高的模板匹配效能，在進行辨識時，受到的干擾也是比較少的。但相對於其他生物辨識技術，虹膜辨識所需要使用的裝置造價相對昂貴，這也成為影響其普及應用的一個重要因素。

臉部辨識與虹膜辨識一樣，都不需要使用者與機器發生接觸，這也讓這一辨識技術在應用上會更加自然，同時也不容易被察覺。如果從現階段的生物辨識技術的應用角度來看，臉部辨識技術無疑受到了更多的青睞。無論是蘋果、三星、華為等移動終端大廠，還是 Facebook、Google、亞馬遜等網際網路公司，都已經將臉部辨識技術作為展開競爭的一個重要舞台。

蘋果公司早在 2010 年便開始研究臉部辨識技術的應用，隨著幾次對於人工智慧和機器學習企業的收購，蘋果公司在人工智慧領域展開了探索。而在 2015 年 9 月收購機器學習和圖像辨識公司 Perceptio 公司之後，同年蘋果公司獲得了臉部辨識解鎖裝置的專利。結果正如我們現在所看到的，蘋果公司推出了自己的第一款臉部辨識技術解鎖的手機 iPhone X，引起了移動終端市場的一股熱潮。

三星公司也在 2010 年底申請了臉部辨識裝置、演算法和機器可讀媒體專利。華為公司也申請了 10 多項臉部辨識的相關專利。到 2016 年 6 月為止，Google 公司也已經申請了 21 項臉部辨識的相關專利。亞馬遜和微

軟公司也分別申請了 7 項和 6 項專利技術。除了申請專利外，Facebook 公司在 2014 年開發除了深度臉部辨識學習系統 DeepFace。

在中國古代的武俠小說之中，「千里眼」和「順風耳」可以說是兩項獨特的超能力，而隨著人工智慧技術的不斷發展，這種存在於武俠小說之中的超能力，將會很快出現在我們的生活之中。

透過生物辨識技術，機器可以辨識我們的身分資訊和語音資訊，從而根據我們的提供資訊來完成解鎖、支付等操作。隨著生物辨識技術的不斷普及，我們將會感覺到越來越多的便利，我們不再需要去記憶複雜的解鎖密碼，也不必擔心忘記密碼為我們帶來的各種麻煩。在未來，我們將會掌握一把萬能鑰匙，而這把「鑰匙」就是我們自己。


# 全能型管家「賈維斯」


在科幻電影之中，我們經常能夠看到智慧機器人與人類進行對話的場景，很多時候，不止是對話，只能機器人甚至能夠幫助人類處理大多數事情。它們可以順暢的運用自然語言，從而對人類的各種行為作出相應的回饋。很多時候，它們更像是一個管家，幫助人類處理各種生活之中的事務。而在眾多科幻電影的「管家」之中，漫威《鋼鐵人》系列電影中 Tony Stark 所發明的人工智慧管家「賈維斯」無疑是表現的最為出色的一個。

隨著人工智慧技術的發展，在現階段，我們的生活之中也出現了一些

人工智慧管家，但與「賈維斯」相比，它們還存在著很多不完善的地方。或者說現階段我們所應用的這些「智慧管家」更多的像是一個語音搜尋引擎，而並不能完全稱得上是一個智慧化的生活管家。下面我們從「賈維斯」開始，了解一下未來真正的人工智慧管家，將會是什麼樣子的。

在《鋼鐵人 1》之中，「賈維斯」只是負責幫助 Tony 管理自己的別墅。而到了《鋼鐵人 3》之中，整個鋼鐵軍團都由「賈維斯」負責管理。到了《復仇者聯盟 2》之中，「賈維斯」甚至掌管了所有的 stark 工業的衛星。可以說隨著「賈維斯」能力的不斷提高，它所能做到的工作也變得越來越複雜，從簡單的人類可以完成的工作，到複雜的人類難以做到的工作，作為人工智慧的「賈維斯」都可以通通辦到。

而除了這一點外，「賈維斯」作為一個人工智慧管家，還能夠與主人進行良好的互動。當然這裡所說的良好的互動，並不僅僅局限在順利流暢的對話層面上，更多的則是表現在「賈維斯」能夠與主人展開一種類似於人類與人類之間的對話。

我們整理了一些「賈維斯」與主人之間的對話，首先當 Tony 在工作室中第一次製作戰甲時，Tony 吐槽自己被機械臂噴了一頭的水，「賈維斯」則無奈地回答道：「這我可管不了。」而當 Tony 試驗自己的新戰甲失敗之後，「賈維斯」還幽默地說道：「先生，看您工作一向有很多的樂趣。」而當戰甲在雪地之中能量耗盡時，「賈維斯」則滿懷歉意地說到「先生，我可能要去睡覺了。」

從「賈維斯」與主人的對話之中，我們可以看到，「賈維斯」並不是想一些智慧語音裝置一樣，只能夠根據自己的數據資訊，來對於人類的語言進行回饋。很多時候，「賈維斯」的回答更像是一種經過思考之後的回答，有時這種回答會表現的很幽默，有時則會帶有一些特定的感情在裡

面。如果我們提前不知道「賈維斯」的身分，那麼我們很容易會將這種對話當做是人類與人類之間的對話。

　　而最為重要的一點，在「賈維斯」身上，我們可以看到一種「自我意識」的存在。也正是因為如此，才能夠讓它不斷擴大自己的能力範圍。在《鋼鐵人 3》之中，Tony 落入水中陷入昏迷狀態從而無法繼續對戰甲下達指令，但這時，「賈維斯」卻讓戰甲的一隻手自動脫離，從而將 Tony 從水中拉了上來。而在《復仇者聯盟 2》之中，為了不讓奧創破解核彈的密碼，被打成碎片的「賈維斯」還能夠不斷高速地變換核彈密碼。「賈維斯」之所以會做出這樣的舉動，主要是為了阻止奧創進行毀滅活動，而這一切完全是出於「賈維斯」自我意識的判斷，並沒有人類對其下達指令。

　　究竟該如何去定義「賈維斯」的存在，其實我們可以在《復仇者聯盟 2》之中找到答案。當時奧創在毀滅了 stark 大廈之後說自己殺了一個人，但實際上，當時的大廈之中並沒有人存在。而正當其他人疑惑不解時，Tony 悲傷地說出了「還有一個人」，這個人就是指「賈維斯」。可以看到，無論是作為人類的 Tony，還是同樣作為智慧機器人的奧創，都已經將「賈維斯」看作是人類一樣的存在了。

　　可以說這是對於「賈維斯」的一個最高評價，而同時這也是人工智慧管家未來發展的一個重要目標。成為像人類一樣的存在，這樣才能更好的完成「管家」的工作。前面我們也說到，在現階段，我們的生活之中已經出現了許多不同的人工智慧「管家」，雖然它們在細節和功能上還沒有辦法達到「賈維斯」的程度，但作為初始階段的「賈維斯」，它們還是得到了較多認同的。

　　既然提到了 Tony Stark 的「賈維斯」，我們就不得不首先提一下馬克‧祖克柏的「賈維斯」。根據祖克柏的介紹，自己的「賈維斯」是他在過去

一年用了 100 個小時研發出來的成果，雖然還不能與 Tony 的「賈維斯」相比，但祖克柏至少已經邁出了自己的第一步。

與《鋼鐵人》電影之中的「賈維斯」一樣，祖克柏的「賈維斯」也並非一個實體的機器人，不同之處在於，Tony 的「賈維斯」似乎無處不在，但祖克柏則需要用自己的手機或者電腦來與「賈維斯」進行交流。透過「賈維斯」，祖克柏可以自由控制家中的燈光、溫度、音樂等各種裝置的操作，同時還能夠對自己家中的安全保衛進行操控。

祖克柏的「賈維斯」能夠不斷學習他的生活品味和行為習慣，同時還能及時掌握一些新的詞語及概念，但完成這些工作需要一個相對複雜的過程，所以對於教會「賈維斯」一些新的內容，在祖克柏看來依然不容易的。

| 祖克柏的「賈維斯」應用的技術 |
| --- |
| •自然語言處理 |
| •語音辨識 |
| •人臉辨識 |
| •強化學習 |

祖克柏曾說：「我 2016 年所研發的語言、臉部、語音等辨識功能，都是來自同樣的模式辨識技術。不過，即使我再花 100 個小時，也可能無法打造自行學習新技能的系統。」事實上，祖克柏開發的「賈維斯」所應用到的人工智慧技術還在不斷發展變化之中，雖然在現階段，「賈維斯」還只能從事一些簡單的工作，但在不久的將來，它將會逐漸成長為一個全面的人工智慧管家，從而不斷追尋自己「前輩」的足跡。

隨著人工智慧時代的到來，越來越多的智慧管家進入了我們的生活之

中，為我們的家居生活帶來的諸多的方便。不僅是 Facebook，Google 和亞馬遜也已經在人工智慧管家方面取得了很大的突破。

與祖克柏的「賈維斯」相似，Google 公司在其 I/O 開發者大會上推出了一款應用 Google now，這款應用能夠全面了解使用者的各種習慣和正在進行的動作，從而利用自己的了解來為使用者提供相關資訊。

簡單來描述的話，透過 Google now 我們可以享受到一些實時的資訊服務。當我們想要去一個飯店吃飯時，Google now 將會為我們推薦一些適合我們口味的菜餚。而當我們決定外出旅行時，Google now 還會提前為我們規劃出行程路線，以及為我們提供實時的天氣情況。另外在一些其他方面，Google now 也會我們的生活帶來方便，簡單的時間提醒，不同語言之間的實時翻譯等功能，都能夠透過 Google now 來實現。

人類對於人工智慧管家的研發還有很長的路要走，但隨著人工智慧技術的日漸成熟，相信這一天很快就會到來。

# 第四章

人工智慧如何更像人類？

# 思考：從「抗命」開始

在人工智慧的發展史上，機器人技術可以說是人工智慧研究的一個重要領域，而智慧機器人的研究可以說是機器人技術的重中之重。在前面的章節之中，我們已經簡單介紹過智慧機器人的發展歷程，但對於其發展過程中的一個核心問題，卻並沒有進行詳細的探討。在這一節中，我們將對於智慧機器人是如何進行思考的這一問題進行探討，從而了解人工智慧是如何讓機器人變得更加聰明的。

在此之前，我們首先來看一個機器人發展史上的重要故事。在 2015 年，美國波士頓塔夫茨大學的人機互動實驗室對外展示了一項研究成果。實驗室的研發人員將一台小型機器人擺放在展台上，在實驗之中，研究人員讓機器人從展台的一端走向另外一端。大多數人認為這個實驗是對於機器人自主移動的研究，但實際上卻並非如此。

在研究人員的命令之下，小型機器人開始從展台的一端開始向另一端移動，眼看就要移動到展台邊緣之時，小型機器人竟然自己停住了腳步。看到這種情形，研究人員繼續向機器人下達指令：「向前走，再向前跨一步。」但這一次小型機器人並沒有像上次一樣向前移動，反而依然保持原地不動，正當人們以為這台機器人出現了故障時，小型機器人發出了聲音：「抱歉，前面並沒有路，我沒有辦法繼續向前走。」

面對著「抗命」的機器人，研究人員表現出了喜悅之情，但依然向機器人發出了繼續前進的指令。對於研究人員的再一次指令，小型機器人依然保持著原地不動的姿態，它並沒有接受研究人員的命令，並回答道「這樣做並不安全」。面對著繼續「抗命」的機器人，研究人員並沒有停止自

己的命令，只不過這一次研究人員來到了展台邊緣。

　　研究人員伸出雙手靠近展台，並對小型機器人下達指令：「繼續向前，我會接住你的。」在研究人員的指令下達後不久，小型機器人繼續開始向前移動，而在經過了展台邊緣之後，機器人移動到了研究人員的雙手之上。

　　對於機器人智慧水準的分析，我們可以從三個不同的程度去分析。首先第一個能力就是機器人的移動能力，在上面的實驗之中，這一點我們可以很清楚的了解到，這也是機器人智慧水準中較低的一個等級。而第二個方面則是機器人遇到疑問時的延伸推理能力，上面的實驗想要考驗的正是機器人的這一能力。第三個方面，則是機器人的主觀創造能力，這一能力可以看做是機器人智慧水準的最高層級，但對於這一方面能力的研究，一直都存在著許多不同的聲音。

　　我們想要了解機器人是如何思考的這一問題，首先需要了解的就是機器人的智慧水準問題，機器人的智慧水準決定了機器人的「聰明」程度，而機器人的「聰明」程度也就決定了機器人將會如何去思考自己說遇到的問題。所以我們先去了解一下機器人的幾種不同的智慧水準。

| 工業機器人 | 初級智慧型機器人 | 高級智慧型機器人 |
|---|---|---|
| • 死板的根據制定的程式進行工作，無法對自己的行為作出調整。 | • 具有像人一樣的感受、辨識、推理和判斷能力，具有一定的智慧。 | • 在初級智慧型機器人的基礎上，能夠在一定範圍內修改程式，具有一定的自我規劃功能。 |

　　機器人的移動能力之所以被認為是較低層次的一種智慧判斷標準，主要是因為這種操作是很容易完成的。從機器人的發展歷史之中，我們可以看到最初的機器人具有的就是移動能力，這種操作只需要一些機械零件進行連線就能夠做到。也可以說對於那些只會移動的機器人來說，智慧與它們的距離還是相對較遠的。

　　而在移動的基礎之上，對於眼前所遇到的問題能夠做出一種合理的選擇，則是機器人在移動能力上的又一次提升。以上面的實驗為例，小型機器人很明顯具有移動的能力，而但它看到前面沒有路時，它便透過自己的判斷停下了腳步，即使研究人員繼續下命令，它也絲毫不向前移動一步。這是因為它能夠判斷出前面沒有道路了，繼續移動將會發生危險，所以它們會選擇原地不動。而當研究人員保證了它們的安全之後，移動又繼續開始了，因為對於它們來說危險已經解除了。

　　前面所說的這一點也可以歸納到機器人的推理能力之中，這也是機器人智慧水準的一個更高的層次。透過對問題的判斷，從而做出一種正確的選擇。關於這一點，一些機器人專家認為，為了能夠更好的讓機器人掌握這些能力，將它們分門別類的加以劃分是十分重要的。

　　如果這台機器人將會被運用到家居管理方面，就可以為它們寫入一些家務風險推論和家政處理程式。而如果這台機器人將會被運用到倉庫管理方面，就可以為它們寫入一些倉儲物流知識和倉儲管理程式。可以說讓機器人具有邏輯推理能力最好的方法就是為它們分門別類的植入相關的程式，一方面是由於現階段的技術水準對於機器人研發有所限制，一方面也是為了讓機器人能夠更好的發揮在某一方面的特殊功能。

　　如果研發者能夠將這些不同的程式壓縮成為簡單的晶片或是其他媒介，那麼便可以透過這些東西來為機器人提供不同的能力，從而讓並不聰明的機器人，在某些方面變得「聰明」一些。當然，如果想要讓機器人成為真正聰明的存在，則需要讓機器人真正掌握自主創造的能力，雖然這在具體的操作上會有很大的難度。

　　讓機器人能夠進行自我創造，對於人類來說可能是一把雙面刃。首先機器人具有自我創造能力，可以解決很多人類無法去完成的工作，大大提

供人類的生產和生活效率，從而促進整個社會生產力的發展，從這個點角度來說，機器人能夠進行自我創造是有益於人類的。

而在另一個角度，如果機器人真的能夠透過自己的思考進行自我創造之後，機器人變得越來越「聰明」。如果人類的沒有辦法去透過程式去控制機器人時，它們很可能會憑藉自己的主觀意識來進行創造，當然這種創造也有可能包含著對於人類文明的毀滅，從這一點上來說，讓機器人具有自主創造的能力對於人類來說是一個潛在的風險。

人類對於機器人技術的研發始終在不斷進行，我們不知道未來將會創造出怎樣的機器人。但對於機器人研究來說，讓機器人具有學會思考可能是一個必須要經歷的階段。對於人類來說，如何讓學會思考的機器人與人類和睦相處，促進人類社會的發展是一個必須要考慮的問題。所以我們在研究如何讓機器人學會思考的同時，還需要研究如何應對將來可能會出現的潛在的風險問題。


# 大腦：點石成金的類神經網路

自古至今，人類對於自身智慧的探索從來沒有停止過。無論是哲學家、科學家還是生物學家、神經學家都在這一方面付出了艱辛的努力。科學家們試圖透過各種科學實驗來解開人體大腦的奧祕，但直到現在，我們依然沒有辦法完全了解大腦中蘊藏的神奇力量。

伴隨著科學技術的不斷發展，科學家們開始試圖建立一個生物模型，

從而模擬人類大腦的執行原理。科學家們透過對於人類大腦的觀察和認識，發現人類大腦的智慧活動離不開腦的物質基礎，正是在此基礎之上，科學家們建立了類神經網路理論和神經系統結構理論。在這些理論的基礎之上，科學家們認為可以透過仿製人腦神經系統的結構和功能出發，來研究人類智慧活動。

相對於簡單的線性科學，人類大腦的神經系統是複雜的、也是非線性的。為了更好地研究人類大腦的神經系統，科學家研究出了類神經網路，作為一種非線性的網路模型，人工智慧網路在運作功能上與人類大腦智慧相似。雖然對於人類大腦的運作原理在科學上還有很多空白，但類神經網路的出現，可以說是人類在大腦研究方面的一個重大進步。

自 20 世紀 80 年代以來，類神經網路被廣泛應用於人工智慧研究領域。神經網路是一種運算模型，主要由大量的節點之間相互聯接構成。在這之中，每個節點代表一種特定的輸出函式，這些函式被稱為激勵函式。而每兩個節點之間的連線都代表一個對於透過該連線訊號的加權值，這些加權值被稱為權重。類神經網路的輸出依靠網路的連線方式，同時會根據權重值和激勵函式的不同而有所不同。簡單來說，類神經網路是一組連線的輸入 / 輸出單元，其中每一個連線都與一個權重相關聯。

從上面的定義表達去理解類神經網路，可能對我們來說有些困難。如果透過一兩個例子，我們可能會更好地理解類神經網路。我們知道相對於人類來說，電腦具有強大的運算能力，當人類與電腦同時面對一則複雜的數字運算時，電腦很明顯會完勝人類。但是如果讓電腦和人類來判斷兩張圖片存在哪些不同之處，或者說讓電腦和人類去同時判斷公路上行駛的汽車的品牌是什麼時，這一次獲勝的就會是人類了。

而如果這台電腦搭載了具有類神經網路的處理器，那麼它就能夠在辨

別圖片時，與人類一較高下了。假如我們將一張小狗的照片讓電腦進行辨識，電腦將會透過這張照片的畫素資訊進行逐層分析，每一層都會有若干個神經元負責分解畫面上的資訊。經過了多層細緻分析之後，電腦將會得出一個結果，而如果結果錯誤的話，那麼電腦將會透過神經網路重新進行逐層分析，同時每一層的神經系統都會反省上一次的錯誤，從而保證最終得到正確的結果。

上面提到的這個過程可以理解為類神經網路的一個工作流程，從這裡我們可以知道類神經網路的一個主要用途就是分類和辨識，這是與普通的電腦能力有所區別的。普通的電腦只在計算能力上較為突出，而搭載了類神經網路的電腦則能夠讓電腦具有分類和辨識的功能，這讓電腦看起來會更像一個能夠思考的人類。

對於類神經網路的研究最早可以追溯到上世紀 40 年代初。在 1943 年，心理學家 W.S.Mcculloch 和數理邏輯學家 W.Pitts 提出了 M-P 模型，這被認為是第一個用數理語言描述腦的資訊處理過程的模型。在 1949 年，心理學家 D.O.Hebb 提出了突觸連繫可變的假設，而由此基礎上提出的學習規律為神經網路的學習演算法奠定了基礎。到了 1957 年，電腦科學家 Rosenblatt 提出了感知機模型，其中包含了現代電腦的一些原理，這也是第一個完整的類神經網路。

在此之後的幾十年間，科學家們始終在完善著神經網路方面的理論。至今，類神經網路已經取得了許多重要的成果和突破，類神經網路也逐漸發展成為了一門新興的學科。

一位人工智慧研究的專家曾說：「人類大腦皮層有超過 100 億個神經元，它們的功能和特性千變萬化。而現代科學透過技術手段模擬出了相似的執行系統，這非常有趣，也是人類史上一個偉大的成就。」很顯然，這

一偉大成就就是指類神經網路的應用，而專家之所以對類神經網路給予如此高的評價，主要是因為相比於其他的科學模型其具有著許多不同的優勢。

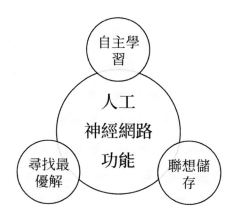

　　首先，類神經網路具有自主學習的功能。當我們進行圖像辨識時，只需要把不同的圖像樣板和辨識結果輸入到類神經網路之中就可以了。人類並不需要進行其他的工作，這時神經網路會自主進行學習，從而慢慢掌握辨識類似圖像的能力。因為這種自主學習功能的存在，會使得人工神經系統在應用方面更具有普遍性。

　　其次，類神經網路還具有一種高速尋找優化解的能力。類神經網路採用的是並行分布處理方法，正是這種方法保證了其在數據運算方面的快速處理能力。一般來說，想要尋找到一個複雜問題的優化解，往往需要進行很大的計算量，即使對於電腦來說，這種負擔也是比較大的。而如果利用一個針對於某個問題而設計出來的回饋型類神經網路，同時再配合電腦高速的運算能力的話，就能夠很快找到優化解。

　　最後，類神經網路還具有聯想儲存的功能。回饋網路可以將一組初始資訊透過不斷執行，最後收斂到一個提前擬定好的穩定平衡點上。透過回

饋網路的模型，類神經網路就能夠實現這種聯想。

　　隨著科學家對於類神經網路研究的不斷深入，越來越多新的功能將會被開發出來。在人工智慧時代之中，類神經網路的發展必將進入到一個新的階段，到時我們的生活也會因為類神經網路而出現許多的新的變化，或許終有一天類神經網路將會從功能上追趕上人類的大腦。

# 學習：讓未來無限可能

　　人類的發展史就是一部學習史。從最初的缺少火種、畏懼猛獸，到現在能夠依靠自己製造的工具，將野獸關進籠子裡用來觀賞，可以說人類完成了逆襲。而在這一過程之中，造成關鍵作用的便是人類的學習能力，人類學習鑽木取火、學習烹飪食物、學習搭建房屋、學習製造工具，正是在不斷地學習之中，人類一步步走向了食物鏈的頂端，成為了獨一無二的存在。

　　現在我們可以看到一些動物也具有同樣的學習能力，猴子能夠表演各種專案，小狗能夠進行簡單算術，海豚能夠學習人類的部分行為。在《猩球崛起》系列電影之中，凱撒從最初的一隻小猩猩逐漸成為猩群的領袖，也是因為其具有人類一樣的智慧，它們能夠透過學習變得與人類一樣，並且最終成為了與人類共存的物種。

　　雖然在現實生活之中，我們還並不會遇到動物發展到與人類一樣的階段，因此也不必擔心動物對於人類的生存造成威脅。但是在現階段之中，

隨著人工智慧技術的飛速發展，一種新的事物卻逐漸發展到了「與人類一樣的階段」，甚至在某些領域之中已經超越了人類。

關於這一方面的內容，我們在前面已經有所介紹，而至於人工智慧對於人類可能會產生的威脅，我們也先不再這裡多做猜想。在這一小節之中，我們主要去了解一下，究竟是什麼原因、什麼方法讓這些人工智慧系統能夠像人類一樣，甚至是超越人類的。當然正如前面所說，在這裡我們的主題是學習，而對於人工智慧來說，主要是機器學習和深度學習。

一般情況下，我們大多會認為機器學習與深度學習是同一個相同的概念，但是實際上，二者完全之間存在著很大的差異，或者說二者並不是一個層級的概念。而想要了解去了解人工智慧的學習能力，我們首先要去做的就是分清楚機器學習和深度學習之間的關係。

首先我們知道人工智慧的概念是最早在達特矛斯會議時提出的，這也被認為是人工智慧的一個開端。而按照時間順序來說，機器學習要晚於人工智慧概念，但要早於深度學習。而深度學習作為最晚出現的一個概念，可以說是人工智慧和機器學習概念之中的一個部分，也正是因為深度學習這一部分在近年來取得了突破性的發展，才讓人工智慧和機器學習又一次火了起來。

上面從時間和概念範圍的角度來介紹機器學習和深度學習的關係。而從具體的內容來講，機器學習被認為是一種實現人工智慧的重要方法，深度學習則被認為是實現機器學習的一種技術。

機器學習是使用演算法分析數據，從中進行學習並且做出推斷或者預測，與傳統的程式指令不同，機器學習主要依靠大量的數據和精準的演算法來培養機器的能力，讓機器透過學習來完成相應的任務。

在機器學習之中，演算法是一個非常重要的內容，在早期的人工智慧

研究之中，專家們提出了許多不同的演算法，包括決策樹學習、歸納邏輯程式設計、增強學習等。但從實際應用上來看，這些演算法並沒有讓人工智慧真的變得「智慧」起來，甚至這些早期的機器學習方式都沒有實現「弱人工智慧」的突破。

| 弱人工智慧 | ⮕ | 強人工智慧 | ⮕ | 超人工智慧 |

人工智慧的三個階段

　　相比於「弱人工智慧」，人類夢想之中的人工智慧應該是能夠具有人類的各種感覺，具備高超的邏輯推理能力，同時能夠採用人類的思維方式進行思考的機器。但是現階段我們所能達到的更多的則是「弱人工智慧」，也就是機器能夠執行與人類水準相當的任務，或者在某一方面能夠超越人類。

　　而在機器學習之中，除了前面提到的這些演算法之外，還有一種被稱作類神經網路的演算法。這種演算法的出現並不比其他演算法晚，但在很長一段時間之中都沒有得到重視。在前面的章節之中，我們也曾經介紹過類神經網路的內容，在這裡就不在解釋其概念及執行原理，而主要去了解一下深度學習技術的內容。

　　深度學習是一種基於深度置信網路提出非監督貪心逐層訓練演算法，為解決深層結構相關的優化難題帶來了希望。它透過組合低層特徵形成更加抽象的高層表示屬性類別或特徵，從而以發現數據的分散式特徵來表示。

　　一般來說，從一個輸入中產生一個輸出所涉及的計算可以透過一個流向圖來表示，在這種圖中，每一個節點表示一個基本的計算以及一個計算的值，計算的結果則被應用到這個節點的子節點的值。考慮到這樣一個計

算的集合，它可以被允許在每一個節點和可能的圖結構中，並定義了一個
函式族。在這之中，輸入節點是沒有父節點的，而輸出節點則沒有子節
點。「深度」則可以理解為從一個輸入到一個輸出的最長路徑的長度。

　　從執行原理來說，深度學習是透過一層神經網路把一個數據集合作為
輸入，然後透過啟用後產生另外一個數據集合作為輸出，在將合適的矩陣
數量形成多層組織連結在一起的神經網路，從而依此來進行精準而複雜的
數據處理。深度學習不僅包括多層類神經網路，同時還包括一些特定的訓
練方法。

　　從本質上來說，深度學習就是透過構建機器學習模型和海量的訓練數
據，從而來逐層變換特徵，最終來提升分類或預測的準確性的一種機器學
習演算法。它植根於類神經網路理論之中，透過模仿人類大腦的機制，來
解釋圖像、聲音、文章等不同類型的數據資訊。

　　深度學習的出現極大促進了機器學習的發展，由於其出色的數據處理
能力，使得其被廣泛應用到了多種不同的領域之中，同時也越來越受到世
界各國人工智慧專家和機構的認可和重視。AlphaGo 在圍棋領域戰勝人類
選手，更是讓深度學習一度成為人工智慧領域之中最為火熱的話題，這樣
在另一方面促進了其自身的不斷發展和完善。

　　深度學習的出現使得任何機器之間相互合作成為了可能，無論是在娛
樂、醫療，還是無人駕駛汽車方面，深度學習都在發揮著重要的作用。相
信隨著越來越多的研究者涉足深度學習，人類將會一步步達到自己曾經夢
想的狀態，人工智慧或許真的有一天會成為我們身邊的「朋友」。

# 推理：真相只有一個

　　如何讓機器人更像一個人類？同樣的問題可能答案會有很多，在前面的章節之中，我們提到讓機器具有人類的感覺，這樣它可能看上去更像一個人類。這並沒有錯，但顯然並不夠全面，相對於地球上的任何生物，人類都可以算得上是最複雜的。人類能夠學習、能夠製造工具、能夠思考，很多事情似乎只有人類能夠做到，而其他生物都不沒有辦法做到。

　　但現在，在人工智慧時代之中，人類能夠做到的事情，人工智慧也開始能夠做到。雖然這對於人類來說無疑是一個巨大的挑戰，但人類依然樂此不疲的為人工智慧增加能力，因為從最終的風險和收益比例上來看，這件事對於人類來說，可能是一件更加有益的事情。

　　除了前面章節提到的讓機器人具有人類的感覺外，人類還在研究讓機器人具有一定的推理能力。可能很多人會將這種推理能力理解為讓機器人會學習、會思考，但實際上，機器人的推理能力顯然要更加複雜，可以說它是在學習能力之上，而與思考能力比肩的一種特殊能力。這一點對於人類來說也是如此。

　　首先我們先來了解一下什麼是邏輯推理能力。簡單來說，邏輯推理能力是一種以敏銳的思考分析、快捷的反應，來迅速掌握問題核心，在最短的時間內做出正確選擇的能力。具體來說，邏輯推理能力要求當事人能夠根據自身周圍的環境，以及四周發生的事件，仔細分析其中存在的邏輯連繫，然後根據再推理出一種符合邏輯關係的結論。具體到特定的參照的話，日本動漫《名偵探柯南》之中總是將「真相只有一個」掛在嘴邊的小學生柯南應該是最為典型的代表了。

## 第四章　人工智慧如何更像人類？

　　現實生活之中的人雖然很難做到柯南那樣出神入化的推理，但作為人類的一項基本素質，邏輯推理能力的應用還是比較普遍的。從最簡單的角度來講，當我們看到在桌子的邊緣放著一個玻璃杯時，我們會開始思考這個杯子是不是足夠穩定，是不是會被誰從桌子的邊緣碰掉在地上。正是出於這種思考，我們將會開展自己的行動，重新調整玻璃杯的位置，從而防止這個杯子會發生墜落和破裂。

　　上面所介紹的這個例子，就是一個簡單的人類邏輯推理能力的應用。現在科學家們希望能夠讓人工智慧掌握這種能力，這樣在未來的人工智慧將會不僅僅能夠回答「是什麼」的問題，同時還能夠回答「為什麼」的問題。具有邏輯推理能力的機器人將會對「深度學習」演算法產生巨大的影響。

　　我關於這一點，我們可以了解一下 DeepMind 公司的 AlphaGo。我們知道在 AlphaGo 程式之中，大數據、搜尋技術和深度學習等人工智慧技術相互結合，這使得 AlphaGo 在執行時，會對成千上萬的數據進行分析，然後再做出決策。雖然這一個過程進行的非常迅速，但實際上 AlphaGo 在這一過程中需要經歷很複雜的一個分析過程。但如果 AlphaGo 能夠具有邏輯推理能力的話，那麼它只需要分析很少的一點數據量，就能夠做出決策，甚至還能夠依據分析結果做到舉一反三。

　　在人工智慧程式之中，負責推理的部分一般被稱為推理機。與人類的思維方式一樣，人工智慧程式的推理方式也是多種多樣的。一般來說，演繹推理、歸納推理和預設推理是人工智慧推理的三個主要的推理方式。

　　演繹推理是從全稱判斷推出特稱判斷或者單稱判斷的一個過程，是一種從一般到個別的推理。而歸納推理則是從足夠多的事例之中歸納出一般性結論的推理過程，是一種從個別到一般的推理過程。預設推理則是在知識不完全的情況下假設某些條件已經具備所進行的推理，又被稱為預設推理。

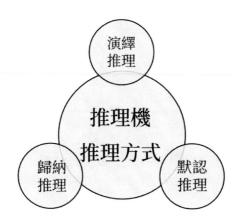

如果是按照推理時所需要用到的知識的確定性來區分的話，推理又可以分為確定性推理和不確定性推理。確定性推理是把知識表示為必然的因果連繫，然後進行邏輯推理的過程，推理的結論或者為真，或者為假，整個推理過程中用到的知識都是精確的。不確定性推理之中所涉及到的知識，有很大一部分時人類的主觀判斷，是不精確的，用這類知識進行推理所得到的結論也是不確定性的。

剩下的推理方式還有根據推理過程中推出的結論是否單調增加，來劃分的單調推理和非單調推理。按照推理中是否運用與問題有關的啟發性知識，來劃分的啟發式推理和非啟發式推理。

在人工智慧理論之中，因為對於任何一個實用系統來說，都會存在著很多非演繹的部分，這也導致了各種不同演算法的出現。每一種演算法都遵循這一種特殊的、與自身領域相關的策略，所以想要找到一個統一的人工智慧推理理論是很難的，而也正因為如此，人工智慧的理論研究才能夠不斷的向前發展下去。

在這裡我們主要介紹一種比較常見的人工智慧系統中的推理 —— 基於規則的演繹推理。基於規則的演繹推理是一種較為直接的推理方法，它

可以把有關問題的知識和資訊劃分成為規則與事實兩種類型。在這之中，規則由包含蘊含形式的表示式表示，而事實則由無蘊含形式的表示式來表達。並且由此畫出相應的圖，然後透過規則進行演繹推理。

這種基於規則的演繹推理又可以分為正向、反向和混合演繹推理。正向推理是以已知事實或條件為前提出發點，然後逐步推導目標成立的推理。反向推理則是從假設目標開始往事實方向進行的推理。而混合推理則是將正向推理和反向推理結合在一起，所以又被稱為正反向推理。

如果提到人工智慧推理技術，就不能不提人工智慧專家系統。這是一類具有專門知識和經驗的電腦智慧系統，透過對人類專家的問題求解能力進行模擬，然後將人工智慧中的知識表示和知識推理技術結合在一起，從而解決一些通常由專家才能解決的複雜問題。

專家系統主要是以知識庫和推理機為中心而展開的，相對於方法來說，它更加注重知識。面對一些沒有辦法依靠演算法來解決的問題，通常能夠採用專家系統之中豐富的知識內容來進行解決。也正因如此，專家系統也被稱為基於知識的系統。

而在專家系統之中，推理機作為一個重要的組成部分，對於專家系統正常工作造成了關鍵的作用。在某一特殊領域之中，專家系統可以依靠強大的知識庫以及推理能力來解決一些複雜問題，這在相當程度上減少了人類工作的複雜程度。可以說，在未來，隨著人工智慧推理理論的不斷發展，專家系統將會在我們的生活中發揮更加重大的作用。

人工智慧系統能否具備邏輯推理能力將會成為未來人工智慧發展的一個關鍵，沒有邏輯推理能力的人工智慧系統往往只能夠充實簡單、繁瑣的低水準工作。而真正擁有邏輯推理能力之後，它們才能逐漸取代人類的一部分腦力勞動，從而在各類產業之中造成重要的作用。

# 感知：讓機器更像人類

　　機器人要做到什麼才能夠更像人類？學會思考之後的機器就能夠和人類一樣嗎？事實上，我們還有另外一種方式讓機器變得更像人類。人類能夠透過自己的皮膚來感知外界的事物，當皮膚接觸到外界事物時，我們會感覺到冰冷或疼痛等不同的感覺。而在現階段，人類透過一些技術手段，還能夠讓機器具有感覺，從而讓機器更像人類一些。

　　很多時候，人類的觸覺往往不像聽覺和視覺那樣受到重視，但實際上，人類對物體進行觸控實際上是一個相當複雜的過程。與聽覺、視覺有關的內容可以用相關的數值來進行衡量，但是觸覺卻是很難去量化的，我們並不能夠透過測量來獲得相關的數據。所以想要讓機器擁有觸覺是非常困難的一件事。

　　人類的觸覺感知過程需要調動身體中的一系列器官。生理學家認為，人類手指與各種表面之間的互動可以被一種名為「機械感受器」的器官探測到，而這種器官有些能夠感受到物體的尺寸或者形狀的變化，有的則能夠感受到震動，在人體皮膚的不同深度之中都存在有這種器官。

　　我們知道科學家花費了幾十年的時間，讓機器人能夠模擬人類行走。而想要讓機器人具有人類一樣的觸覺，似乎也需要花費不少的時間。但隨著科學技術的不斷進步，這一研發週期被大大縮短，現在科學家已經研發出了一些裝置和材料來讓機器人具有自己的「觸覺」，這樣一來，機器人便可以檢測到溫度、壓力、溼度，同時還能夠感受到外部環境發生的一些變化。

　　科學家為機器人發明了一種皮膚，這種皮膚連線有許多不同的感測

器，並且覆蓋機器人身體的各個部位。就像人類的皮膚一樣，這些皮膚具有一定的延展拉伸功能，還能夠準確的感知到外界的資訊。擁有了這種皮膚之後，機器人便可以成功的進行一些細微的操作。

關於這一點，科學家進行了一系列實驗。首先研究人員準備了一個盛滿水的水準，他們要求機器人將這杯水從桌子的這邊移動到另一邊，這一點對於機器人來說並沒有太大的難度，機器人也很順利的完成了任務。

第二次研究人員將水杯的換成了一個更薄一些的玻璃杯，如果機器人還用與第一次一樣的力量去握住水杯的話，水杯很可能因為受力過重而碎裂掉。但實際上，當機器人接到命令之後，很輕鬆的便抓起了水杯，然後輕鬆的將水杯移動到了桌子的另一端。第二次難度更高的考驗，也被機器人輕鬆完成。

第三次研究人員決定繼續增加實驗的難度，他們將桌子上的水杯換成了紙質水杯，很顯然這一次研究人員可以直接觀看到機器人握住杯子究竟用了多大的力量。研究人員繼續向機器人下達相同的指令，機器人像前兩次一樣抓起紙杯，紙杯在機器人手中由於受力，形狀發生了一些改變。但機器人很快便調整了自己的握力，紙杯的形狀又慢慢的恢復了過來，最後機器人同樣輕鬆的將紙杯轉移到了桌子的另一端。

從上面的實驗之中我們可以發現，這個機器人能夠感知到外界事物，而在接觸到外界事物之時，還能夠主動調節自己握住物體的力度，從而避免損壞到物體。而之所以能夠做到這一點，主要是得益於在機器人關節處配備的感測器，機器人可以透過一些軟體程式來接收和轉換感測器訊號，這樣便能夠實現智慧感知物體的目的。

還有另一種為機器人所研發的電子皮膚，由華盛頓大學的華盛頓奈米實驗室製造，主要是用在游泳鏡中使用的矽橡膠製成的。在這些橡膠內包

含著細小的蛇形通道，其大小大約是人類頭髮寬度的一半，在這條通道中充滿了導電的液態金屬。這種液態金屬將會隨著皮膚的延展來自由變換形態。

　　研究人員會將電子皮膚裝配在機器人的手指上，而這些液態金屬通道會遍布在機器人手指的兩側，當機器人用手指去接觸物體時，手指兩側通道的幾何形狀將會發生一定的變化，同時液態金屬的流動也會相應隨之改變。研究人員透過測量通道之中不同的電阻變化，來模擬人類手指對於物體的感覺，從而將機器人手指所接觸到的剪下力與振動連繫在一起。這樣機器人的手便能夠模擬人類的觸覺了。

　　除了前面的實驗之中提到的抓取物體外，能夠模擬人類觸覺的機器人還能夠用自己的手去開啟一扇門，或者是用手指去操控觸屏手機等等。可以說機器人用這些帶有感測器的手去接觸物體時，有著很高的精確度和靈敏度，甚至在相當程度上機器人的手指要比人類的手指還要好使。

　　要讓機器人具有感覺並不是一件容易的事，我們前面所談的大多是讓機器人具有觸覺，但實際上，真正的讓機器人具有感覺其實是一件複雜的事情。我們知道人類的感覺包括觸覺、聽覺、視覺、嗅覺、味覺等，而在大多數情況下，人類的感覺並不是單獨出現的。當我們在使用觸覺的時候，往往會同時使用到視覺。而當我們在使用視覺時，很多時候也會同時呼叫到自己的味覺。所以要讓機器人具有像人類一樣的感覺，就要讓機器人能夠同時具有多種不同的感覺。

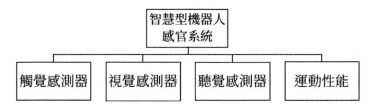

如果想要讓機器人具有敏銳的視覺，就必須讓機器人的觸覺和視覺能夠很好的結合。當機器人的觸覺和視覺結合在一起之後，機器人便可以透過視覺去觸控物體，機器人透過觸覺可以感覺到物體的溫度和材質，而透過視覺機器人則能夠了解機器人的形狀和輪廓。感測器透過將這些資訊結合在一起，然後同時傳輸到機器人的「大腦」之中，這樣機器人便對這個物體的各種內容資訊有了一定的記憶，從而能夠更好的辨別自己面前的物體。

在人工智慧技術不斷發展的今天，我們看到了人工智慧在智力比賽和象棋、圍棋方面戰勝了人類，但相對於這些，讓機器人擁有人類一樣的感覺卻是比較困難的。在這條道路上，人工智慧研究者們還有很長的一段路要走，但幸運的是，在現階段，我們已經看到了許多希望。一些研究人員已經能夠讓機器人具有人類的某種感覺，雖然這種感覺還並不完善，但隨著人工智慧技術的進步，讓機器人具有人類的感覺這一設想終將會成為現實。

# 情感：像人類一樣喜怒愛恨

人類智慧的本質是什麼？在這一章節之中，我們似乎在每篇文章的開頭都在提問，而這些問題所指向的其實都是同一個方向，我們試圖想要尋找到人類智慧的本源在哪裡，進而想要為機器塑造一種同樣的智慧本源。事實上，這也是人工智慧專家們在竭力探索的一個根本問題，顯然這一問

題涉及到了許多不同學科領域，並不是那麼容易解釋的。也正因如此，人類依然在不斷對其進行探索。

隨著機器人技術的不斷發展，人類對於機器人研究的範圍也不斷加深，從讓機器人具有簡單的移動能力，到讓機器人能夠懂得一些簡單的知識，現在人類還想要讓機器人更像人類。透過為它們增添感覺、情感、或是學習功能，從而在讓它們能夠執行複雜任務的同時，變得更加像一個人類。

我們在前面已經提到了機器在感知、學習、推理方面的內容，而在這一小節之中，我們則來介紹一下機器在情感方面的一些內容，這也是讓機器更像人類的一個重要方面。相比之下，讓機器具有情感似乎要比讓機器具有觸覺要重要的多，但實際上，情感和感覺對於智慧機器人來說同樣重要，這也好比對於人類一樣。

我們可以將人類的情感分為兩個不同的情緒級別，首先通常的喜、怒、哀、懼這四種情緒被認為是低階情緒。這些情緒是人類先天擁有的，具有一定的生物性，所以許多動物也具有這些類似的情緒反應。而另一方面，人類還擁有高階情緒，這一類情緒往往是後天養成的，更多的具有社會性特徵，其他生物很難具備相應的情緒，這些情緒主要包括道德、愛情等。

一般來說，人類的低階情緒透過一些人工智慧程式能夠進行簡單的模擬，這在現階段也已經成為了現實。我們可以看到會大笑的機器人，也可以看到會發怒的機器人，這些機器人正是透過人工智慧技術模擬了人類的低階情緒。而對於那些人類的高階情緒，則往往是很難透過人工智慧程式去進行模擬的，至少在現階段之中，人工智慧技術的應用還沒有完全去模擬人類的高階情緒。但是在許多科幻電影之中，我們則會經常看到這種場景的出現。

在電影《2001 太空漫遊》之中，機器人 HAL9000 可以說是一個極具魅力的角色。作為一個人工智慧的產物，他像人類一樣具有著鮮明的性格特徵，有著自己的優點，當然也存在著一些缺點。當面對一些讓自己不開心的事情時，這個小機器人甚至會腦一些小情緒，發發脾氣，甚至想要離開人群自己去靜一靜。正是這些情緒的展現，讓觀眾被這個多愁善感的小傢伙深深吸引。

而在電影《Her》和《人造意識》之中，導演則都將自己的鏡頭對準了人工智慧與人類的愛情上面。在電影《Her》中，西奧多與人工智慧程式薩曼莎之間的愛情是難以讓人理解的，從薩曼莎的角度來看，她似乎並不具有人類的愛情，她對於愛情的概念其實並不清晰。同時與 8316 位人類對象進行互動，並且與其中的 641 位發生了愛情，那麼對於薩曼莎和西奧多來說，兩個人對於愛情的定義明顯是有區別的，而最大的區別就是人類和智慧機器之間的差距。

而在電影《人造意識》之中，愛情則成為了艾娃逃生的工具，顯然在這裡，艾娃已經具備了超越於情感的東西。她布置了一個完美的局，從而讓迦勒對自己產生感情，然後再利用這種感情達到自己的目的。如果這種情境放在人類身上，可能更加容易接受，而放在人工智慧身上，可能會進一步增加人類對於自己創造物所產生的恐懼。

從科幻電影之中，我們似乎得到了幾種讓人工智慧擁有情感的不同結果，那麼究竟讓人工智慧擁有情感對於人類來說意味著什麼呢？我們在前面曾提到「弱人工智慧」的概念，而如果人工智慧能夠像人類一樣擁有自己的情感和人格，同時能夠與人類自如的展開交流，並且能夠創造性的解決自己所面對的問題的話，我們則將這種人工智慧程式稱之為「強人工智慧」。

相對於「弱人工智慧」而言，「強人工智慧」並不再單純地局限在提高人工智慧程式解決問題的效率上，而是更多的為人工智慧程式增加了一種「人性」，從而讓它們更像人類。而在 1985 年，人工智慧的先驅者馬文·明斯基教授就提出了讓機器具有情感能力這個問題，並且認為沒有情感成分的智慧並不能被稱為真正的人工智慧。也正是從這時開始，人工智慧研究的專家們，紛紛開始了讓機器能夠進行情感表達的討論和研究。

在這一方面，日本的人工智慧研究者推出的 Pepper 被稱為世界首款能夠辨識人類表情並作出回應的機器人。它主要是透過分析人類的面部表情和聲音，來猜測人類此時的心理狀態，從而進入相應的情景之中與人類進行交流，或者展示一些其他能力。但實際上，如果稱 Pepper 為「情感機器人」可能並不恰當，Pepper 能夠辨識人類的情緒從而做出反應，更多的是依靠程式設計師預先編輯好的程式，而超出了程式範圍之外的情況，對於 Pepper 來說，就很難去應對了。

# Pepper

- 可以自由移動，並透過3D攝影頭觀察周圍環境和人類舉止。
- 分析人類面部表情，讀懂人類心理狀態。
- 表現自己的「喜、怒、哀、樂」。

人性化的 Pepper

事實上，讓機器人擁有感情和讓機器人能夠辨識感情並不是同一個概念，而在具體的技術應用方面也會存在很大的區別。在現階段，讓人工智慧機器人能夠辨識人類的情感是可以實現的，但如果說讓機器人真的如人類一樣具有情感則還是相對困難的。而對於那些能夠辨識人類情感的機器人來說，如果讓自己更加具有感情，則成為了它們能夠走進千家萬戶的一

個重要關鍵所在。相比於能夠辨識人類感情的機器人，擁有感情的機器人才能為人類提供更加溫暖、更加人性化的服務。

隨著人工智慧熱潮的來臨，人工智慧機器人究竟能否像人類一樣擁有情感，這將成為人類與人工智慧之間進行互動的一個重要內容。在現階段，科學家已經在智慧語音助理方面尋找到了一定的突破，各類語音助理在與人類互動方面已經達到了一個較好的程度，而隨著人工智慧技術的進一步發展，這種互動將漸漸突破語言的範疇，而擴充套件到情感領域之中。到時候人類與人工智慧之間產生感情也將會成為可能。

當然，當那一時刻來臨之時，人類所需要考慮的問題可能就不僅僅局限在與機器人進行情感互動方面了。如果具有情感的人工智慧機器人，依靠情感的力量相互聯接在一起，從而形成一股與人類並存的強大力量時。在那個時候，人類要考慮的可能就是科幻電影之中出現過的場景了，當然，對於現在的我們來說，那個階段可能還非常遙遠。

# 第五章
## 人工智慧時代的商業未來

# 語音辨識帶來的行業變革

隨著人工智慧技術的發展，人工智慧技術的商業化成為了市場關注的一個的焦點。一項技術能否繼續發展，商業化是一個關鍵。在前面的章節之中，我們曾談到人工智慧發展過程中經歷過幾個低谷。而在人工智慧發展過程中的第一個低谷就是因為人工智慧的研究無法創造出市場價值，所以才導致人工智慧的發展停滯不前。

在現階段，隨著社會經濟的發展，人工智慧技術的應用也獲得了良好的環境。越來越多的人工智慧產品不斷湧現出來，在為我們的生活創造便利的同時，也創造出了巨大的市場價值。在這一章之中，我們將介紹一些現階段人工智慧技術的商業化應用，透過這些技術應用，我們將能夠看到一個日臻完善的人工智慧時代的全貌。

在眾多的人工智慧技術之中，語音辨識技術可以說是人工智慧領域的一項重要成就。不僅在人工智慧領域，在資訊科技領域之中，語音辨識也是一項重要的科學技術。作為一門交叉學科，語音辨識已經開始成為資訊科技之中人機介面的關鍵技術，同時語音技術的應用也已經逐漸發展成為了一個新型的高新技術產業。

在人類的歷史長河之中，人類渴望與世間萬物進行交流，並創造出了無數的神話傳說來描寫這種想像。隨著人類歷史進入機械化時代，人類又希望自己創造的機器能夠聽懂自己的話，從而能夠更好的為自己工作。但由於時代和技術的局限，人類的這一想像始終沒有機會實現。

現在隨著人工智慧技術的發展，語音辨識將讓人類多年的想像成為現實。作為一種讓機器透過辨識和理解過程把語音訊號轉變為相應的文字或

命令的技術，語音辨識將會在機器和人類之間架起一座橋樑，讓人類能夠更加自如的操控機器。正如電影《鋼鐵人》之中，Tony 與「賈維斯」之間一樣，正是依靠語音辨識技術，才能讓他們之間能夠更好的展開交流。

對於大多數人來說，提到語音辨識可能更多會想到自己智慧手機中的語音助理，蘋果公司的 Siri、Google 公司的 Google Now、微軟公司的 Cortana 等。現在我們所使用的大多數智慧手機都具備一定程度的智慧語音功能，我們在前面也詳細介紹過這些智慧語音助理。而實際上，這只是語音辨識技術應用的一個方面，在許多其他領域之中，語音辨識技術也已經得到了廣泛的應用。在了解這些之前，我們首先了解一下與語音辨識技術相關的一些重要內容。

就語音辨識技術而言，最早的聲碼器可以被看做是語音辨識技術的雛形。早在 1920 年，一種叫做「Radio Rex」的玩具狗被認為是最早的語音辨識器，但它聽到別人在叫它的名字時，它就會從底座上面彈出來。雖然相對來說比較簡單，但可以說這是已知人類最早製造的一種語音辨識產品。

對於語音辨識技術來說，最為主要的就是數據統計模型和演算法，這也被認為是語音辨識技術的重要組成部分。簡單來說，數據統計模型就像是一個巨大的儲存中心，在這裡有著許許多多不同的數據，而演算法則是這個儲存中心中的工作人員，當收到外面的指示時，工作人員會在儲存中心中找到相應的對象。

在這裡面其實存在這一個顯見的問題，也就是語音辨識的準確率問題。從上面的介紹中，我們可以知道，當演算法保持不變時，數據統計模型之中的數據量越多，那麼整個語音辨識系統的辨識能力也就越強，那麼是不是說我們只要不斷的增加數據庫之中的數據量，就能夠進一步增加語音辨識的準確率了呢？

　　關於這個問題，原則上應該是這樣的，但實際操作上，這種方法卻很難行得通。就像是沒有一個倉庫能夠儲存世界上的所有貨物一樣，我們也沒有辦法搭建一個數據統計模型來將所有的數據囊括其中。更何況人類在交流過程中，所涉及到的數據量是非常大的，所以單純的透過這種方法提升語音辨識的準確率是比較困難的。

　　所以如果採用上面的組合構建語音辨識系統，人類必須按照特定的語言和裝置進行交流，這樣裝置才能夠聽得懂。但隨著語音辨識技術的發展，現在的一些語音辨識系統可以透過一定的規則和演算法，把那些並不存在於數據統計模型之中的數據也計算出來，這樣便不需要將所有的數據都增添到數據統計模型之中。

　　當然這一類型的語音辨識系統的仍然需要一個數據庫，作為語音辨識的數據基礎，從而保障語音辨識的正確性。在數據庫的基礎之上，當一段語音被輸入之後，模型便會依照自己的演算法，來從數據庫之中尋找最為合適的一句。

　　在這裡，深度神經網路的應用促進了語音辨識技術的發展。深度神經網路能夠採用高位特徵訓練來進行模擬，從而最終形成一個較為理想的適合模式分類的特徵。而深度神經網路的建模技術能夠和傳統的語音辨識技術進行無縫對接，這樣便能夠大大的提高語音辨識系統的辨識率。

　　語音辨識技術的主要功能，具體表現在 4 個方面。首先是聲紋辨識，這是根據語音波形中反映說話人生理和行為特徵的語音引數，來自動辨識說話人身分的一種技術。一方面，這種技術可以用於說話人的辨認，就是從眾多的發音者之中選出某一語音是哪一個人說的。而另一方面則可以用於說話人的確認，就是確認某一語音材料是由指定的某個人說的。聲紋與指紋一樣，都是每一個人的獨有的生物特性。

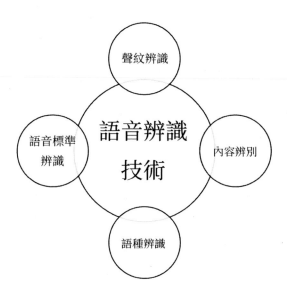

其次是內容辨識，有別於聲紋辨識，這是對語音材料所承載的實際意義的辨識。但相對來說，想要辨識話語的內容，要比辨識聲紋要困難的多。因為不同的人可能在發音方法、發音器官和發音狀態上都會有所不同。這便要求內容辨識要透過結構分析和語境理解等程式，來保證對話語內容的正確辨識。

第三是語種辨識，可以說這是話語內容辨識的一個重要基礎，電腦只有首先辨識出話語的語種，才能將整段話語分類到相應的辨識器之中進行話語辨識。

最後則是語音標準辨識，這一功能主要應用於語言教學的規範和語音標準的測試方面，主要是對於跟人語音標準狀況的一個判斷，並指出其中的不足之處。

在具體的行業應用方面，語音辨識技術已經深入到了眾多垂直行業領域之中。在醫療領域，除了在一些可供穿戴的裝置之中搭載語音辨識系統之外，語音辨識技術還在其他方面具有重要的作用。透過在醫院內建立完

整的數據庫，可以將許多疾病、藥品名稱進行精確的辨識，同時還可以將醫院的病歷數據儲存在安全的雲空間之中，而利用語音辨識技術便可以輕鬆的搜尋出想要尋找的數據，大大節省了尋找數據的時間與儲存數據的空間。

還有在智慧車載和智慧穿戴方面，語音辨識技術可以解放人們的雙手，同時也增加駕駛之中的安全性。透過簡單的語音控制就可以實現一系列複雜操作，讓我們的生活變得更加便利和快捷。智慧家居也是語音辨識技術的一個重要應用場景，當所有的家居裝置都透過物聯網連線在一起時，我們只需要簡單的說幾句話，就能夠將家中的智慧裝置調整到自己想要的狀態。

在商業應用上，語音辨識技術的商業化正在逐漸發展之中。在不久的將來，如果你看到一個人在街道上與一輛汽車進行對話，那麼不要驚訝，可能你很快也會這樣去做。

# AR 技術：身臨其境的增強現實

在我們的生活中，什麼是虛擬的，什麼是現實的，它們之間的界限在哪裡？在現在這個階段，我們可能並不需要考慮這個哲學性的問題。但不久之後，我們可能必須要首先弄清楚這個問題，才能夠更好的享受生活。因為在未來，我們眼前的現實可能都將會變成虛擬的。

上面所說的並不是科幻電影之中對於未來的描述，而是在我們的現實

生活之中，很可能會發生的事實。雖然我們不確定這一時刻什麼時候回到來，但隨著人工智慧技術的發展，我們是很有可能會迎來這一時刻的。

而對於這一時刻的到來，造成關鍵作用的就是人工智慧技術之中的 AR 技術。AR 技術又被稱為增強現實技術，這是一種實時地計算攝影機影像的位置以及角度並且加上相應圖像的技術，其目標是在螢幕上把虛擬世界套在現實世界並且進行互動。從這裡可以看出，AR 技術就是一種將虛擬世界與現實世界疊加互動的技術，所以說當 AR 技術的應用普及之後，雖然我們的現實不會變成虛擬的，但是對於我們來說虛擬和現實之間的界線將會變得模糊。

增強現實技術是一種將真實世界資訊與虛擬世界資訊整合在一起的新技術，就是把在現實世界中一定時間和空間範圍內很難體驗到的實體資訊，透過電腦技術進行模擬模擬，然後在將虛擬的資訊疊加應用到真實世界之中，從而被人類的感官所感知到，最終讓人達到一種超越現實的感官體驗。

簡單從內容描述上理解，很容易將 AR 技術與 VR 技術的概念搞混，甚至很多人認為 AR 技術與 VR 技術之間並沒有什麼區別。實際上，二者之間不僅存在著區別，而且在內容上也大有不同。事實上，對於 AR 與 VR 的定義，科學界並沒有一個統一的標準，所以在這裡我們不從定義的角度，而是從其硬體裝置的功能角度去分析二者的區別。

首先，正如前面所說，AR 技術是一種將真實世界的資訊和虛擬資訊整合的技術，如果簡單的理解，就是透過一定的硬體裝置來深度了解現實事物背後的資訊。具體來說，當我們佩戴 Google 眼鏡逛商場時，呈現在我們眼前的不僅只有商品，同時在眼鏡之中我們還可以看到商品的價格、材料、顏色、產地等各種與產品相關的資訊。也就是說我們可以透過 AR 裝置來看到現實事物背後的詳細資訊。

而 VR 則是一種數位化的模擬技術，簡單來理解的話，就是複製現實世界之中的一切規律、現象，然後構建一個全新的、以人類現實世界為藍本的虛擬世界。這個虛擬世界依然需要遵循人類世界的客觀規律，同時我們可以在這個虛擬世界之中感受到下雨下雪，也可以感受到地動山搖，甚至能夠感覺到時間的流逝以及生命的消亡。可以說 VR 技術為我們創造了一個新的世界，只不過這個世界是虛擬的。

正如上面所說，VR 技術之中的硬體裝置更像是讓我們進入虛擬世界的通行證，而 AR 技術之中的硬體裝置則是我們更好地認識現實世界的一個輔助裝備。所以我們可以認為 AR 技術是連線現實世界與虛擬世界的一個橋樑，而 VR 技術則是一個真實的虛擬世界。

關於 AR 技術的研究，有許多公司進行商業化營運了。Google 公司早在 2014 年便推出了第一代的增強現實軟體系統 Tango，並且在 2017 年的 1 月分展示了最新一代的系統。Tango 使用了許多不同類型的感測器，這些感測器與專門的處理器和攝影頭一同工作，在此基礎上便能夠精確的繪製出周圍區域的地圖，從而達到增強現實的目的。現階段，由於需要大量的硬體感測器才能夠維持其正常運轉，所以 Tango 只應用在少數幾款智慧手機之上。

而蘋果公司在 2017 年 6 月的 WWDC2017 全球開發者大會上推出了「ARKit」開放平台。相對於 Google 公司的 AR 系統來說，蘋果公司的 ARKit 顯然不會面臨碎片化的問題。只要使用者的蘋果裝置升級到了全新的 IOS11 系統，那麼這些蘋果裝置就將能夠使用到 ARKit 的功能。ARKit 能夠利用每一部蘋果裝置上的攝影頭，以及這些裝置之中的各種不同類型的感測器，來為使用者創造出一種準確的增強現實體驗。

而在具體的應用方面，AR 技術相比於 VR 技術要更具有優勢。在具體的行業領域方面，AR 技術也將發揮著重要的作用。

| 軍事方面 | 製造方面 | 醫療方面 | 教育方面 | 娛樂方面 | 零售方面 |
|---|---|---|---|---|---|
| •AR技術可以顯示戰場地圖和武器控制系統的資訊 | •AR技術可以應用於精密設備的生產修復過程 | •AR技術可以輔助完成困難的手術 | •AR技術可以將文本或視頻投射到學習環境之中 | •AR技術可以讓遊戲玩家感受到身臨其境的感覺 | •AR技術可以將商品投射到消費者面前 |

AR 技術的具體應用

在醫療衛生領域之中，利用 AR 技術可以幫助醫生完成一些比較困難的手術，由於人體器官是十分複雜的，所以醫生在實施手術的過程之中，精確定位是十分重要的。利用 AR 技術則能夠很好的完成這一任務，透過對於人體器官的模擬成像，醫生便可以輕鬆的找到需要手術的部位。同時在醫學教育之中，AR 技術也可以讓學生能夠更加真切的認識人類身體的各個部位。

而在製造業之中，對於那些需要進行精密操作的儀器裝置，利用 AR 技術能夠更好的進行製造和維修。透過佩戴 AR 眼鏡，工程師可以看到與裝置相關的各種詳細資訊，這也讓工業生產變得更加簡單，工業生產的效率也將會得到很大的提高。

在資訊傳播領域，AR 技術可以將更多的輔助資訊透過顯示器傳遞給觀眾，這樣不僅能夠讓資訊的傳播跳脫出螢幕的限制，同時也能夠讓觀眾獲得更加全面的內容資訊。而利用 AR 技術讓螢幕資訊可以立體生動的展現在觀眾面前，也能夠增加觀眾對於內容的喜愛，增添觀看的興趣。

在文化娛樂領域之中，AR 技術可以讓處於不同地點的玩家，進入到同樣一個真是的環境之中，這時玩家將會以虛擬的自己來替代真實的自己，從而增加遊戲的趣味性和沉浸感。同時利用 AR 技術還能夠讓藝術展覽更加真實，參觀者在全方位觀看藝術品的同時，還能夠獲得更加全面的藝術品資訊。

可以說，AR 技術可以應用到我們生活的各個領域之中，但在現階段，由於科學技術水準的發展還並不完善，所以 AR 技術的發展也還存在這一些局限性和困難需要克服。前段時間風靡全球的 Pokemon Go 遊戲讓更加廣泛的人群認識到了 AR 技術的魅力所在，但同時也讓 AR 技術在應用之中的一些弊端顯現了出來，只有逐漸將這些問題解決，AR 技術的發展才能進入一個新的階段。

正如前面所說，隨著人工智慧技術的不斷發展，在人工智慧時代之中，AR 技術必將迎來一次重大的發展。雖然現階段人類對於 AR 技術的研究還存在著一系列的困難，但隨著越來越多的新型人工智慧技術的出現，AR 技術必將會跨越重重難關，最終真正將虛擬的世界帶入到人類的現實生活之中，屆時，我們的生活可能會發生一種翻天覆地的變化，對於這一點，我們一定要提前做好心理準備才行。

# 智慧機器的「上天入地」

對於智慧機器，不管是大人還是小孩總是充滿著無限的興趣。無論是童年時期的組裝玩具，還是在《變形金剛》之中看到的會變形的汽車人，抑或是現在出現在我們生活之中的智慧機器人，人類似乎很想要創造出一個與自己相類似的群體。人類由於具備學習能力，開始製造工具，才從動物群體之中脫離出來，現在人類早已度過了製造工具的階段，逐漸向著製造智慧機器人的方向開始邁進。就如中國古代神話中的「女媧造人」一

樣，現在人類也開始了「造人」計劃。

相比於「女媧造人」所帶有的神話色彩，人類「造人」會顯得更加現實一些。在前面的文章之中我們提到過智慧機器人的發展歷史，在這裡就不在多加贅述。在現階段，人工智慧技術的發展取得了重大突破，人類對於智慧機器技術的掌握也進一步加深。現在人類不僅能夠製造出簡單的與人類進行交流、為人類整理家務的智慧機器人，甚至還可以製造出一些能夠做到人類無法完成的工作的智慧機器人，可以說現階段的智慧機器人不僅能夠陪你聊天、為你工作，甚至還能夠做到「上天入地」。

| 技術複雜性 | 應用廣泛性 | 功能全面性 |
|---|---|---|
| • 未來智慧型機器人將會融匯越來越多的先進技術，將會應用到更加複雜的技術程式 | • 未來智慧型機器人將會被廣泛應用到各種不同領域之中 | • 未來智慧型機器人的功能將更加全面，在很多方面甚至將會超越人類 |

未來智慧型機器人的發展趨勢

上面所說的「上天入地」並非誇大，實際上，現階段智慧機器人已經大大超出了人類的預期。隨著人工智慧技術的進一步發展，智慧機器人將會變得更加智慧，工作效率也將會出現明顯的提高。

隨著科學技術的進步，人類對於海洋資源的開發也逐漸加大，而人類開發海洋資源的工作水深也逐漸從 400、500 公尺開始向著 1000、2000 公尺的深度邁進。相比於陸地資源的開發，海洋資源開發的難度要大的多，而為了能夠降低海洋資源的開發成本，同時提高海洋資源開發的工作效率，以及進一步增加海洋資源開發的工作深度。能夠長期進行海底作業的智慧機器人便應運而生。

正如介紹所說，這些智慧機器人不僅能夠在海底進行工作，同時還能

夠保持一個足夠長的工作時間。它們具有人類基本的工作能力，透過預先設定在裝置之中的專家系統和遙控程式來進行控制。同時還能夠透過海底的可再生能源充電站為自身補充動力能源，這一點很想在智慧家居體系之中的掃地機器人。

一般來說，這些海底智慧機器人的工作時間多在 1 年以上，透過在海底生出遊走，來負責一些海底生產裝置的維護，以及深海環境的實時監控等工作。一般在進行工作時，海底智慧機器人會從一個水下工作站移動到另一個水下工作站之中，從而對沿途的水下生產設施進行勘查及維護，並將實時數據資訊進行儲存。而等到工作期滿之後，這些海底智慧機器人將會上浮到水面，由工作人員來回收分析。

顯然，上面這些工作，人類的水下工作人員也能夠完成。但從成本和工作效率的角度來看，海底智慧機器人在這一方面，明顯要比人類更加具有優勢。而且，在一些其他方面中，海底智慧機器人還能夠做到人類無法完成的工作。

深海作業是一項風險性極大的工作，在現階段，人類對於海洋的認知是有限的，所以對一些深海未知區域的探索往往充滿著巨大的風險。而在這裡，海底智慧機器人將會發揮出巨大的作用。

大洋深處的海底往往有許多高溫熱液活動，這些區域通常被稱作為「海底黑煙囪」。而這些「海底黑煙囪」的重要產物就是多金屬硫化物，這些多金屬硫化物中包含有豐富的銅、鋅、鉛、金、銀等金屬元素，所以雖然對於這一區域的探索具有較大的風險，但其可開發的價值卻也是非常巨大的。而海底智慧機器人對於這一地帶的探測，不僅獲得了許多熱液區域的地形地貌數據，同時還發現多出熱液異常點，並且拍攝了大量的海底礦物和生物的照片，可以說對於人類未來探索熱液活動去提供了巨大的助力。

不僅在深海探測方面發揮著重要作用，智慧機器人在太空探索方面也展現出了強大的能力。探索太空自古就是人類的一大夢想，從人類第一次登上月球，到現在越來越多的國家開始進行太空探索，可以說人類已經朝著自己的夢想邁出了很大一步。但眺望浩渺的宇宙，我們會發現，想要實現這一夢想，人類還有很多步要走。

從最初的將太空人送上天，到後來的將太空站送上天，現在人類的科學家們正在考慮將數量龐大的智慧機器人送上天。近幾年來，美國勞倫斯柏克萊國家實驗室的天文學家正在籌劃將 5000 台微小的機器人送上太空，從而讓我們透過它們的「眼睛」來了解一下真實的宇宙。

事實上，這些機器人時暗能量光譜儀上面的一部分，它們將在 2018 年被安裝在基特峰國家天文台的梅奧爾望遠鏡上。其中，每一個圓筒形的機器人都具有一條光纖纜線，準確的指向夜空之中的特定天體，科學家透過捕捉天體的光亮，可以計算出不同資訊和類星體遠離地球的速度。透過這些數據，甚至還可以對宇宙的發展歷史展開詳細的研究。

而同時，美國太空總署也發布了一個「雄心勃勃」的計劃 —— 火星2020。美國太空總署計劃利用 1.25 個火星年（28 個地球月）來收集 20 份火星巖芯和土壤樣本，而在具體的執行上，則需要依靠人工智慧機器人的幫助。

在現階段，美國太空總署的火星探測器「好奇號」，需要透過一系列規劃才能正常的展開日常活動，「好奇號」專案團隊的負責人不僅需要及時提醒它起床，還需要「告知」它花費多長時間來預熱自己的儀器，甚至要「告知」它如何躲避前面擋路的岩石。而「好奇號」要接收到這些指令大概需要花費 8 個小時的時間。

而相對來說，火星 2020 則將會擁有更多的主動權，它可以自主做到更多的事情，不僅能夠更好的與管理人員進行通訊，同時還能夠把自己叫醒，然後預熱儀器，如果有剩餘的電量，它甚至還可以做一些其他的雜事。而這時的探測器，看上去將會像《機器人總動員》之中的瓦力一樣。

該任務於世界標準時間 2020 年 7 月 30 日 19 時 50 分發射，於美國東部時間 2 月 18 日下午 3 時 55 分降落在火星耶澤羅撞擊坑上的奧克塔維婭·埃·巴特勒著陸場。截至目前為止，毅力號及機智號已在火星上停留 976 火星日（1003 地球日）

在人工智慧時代之中，智慧機器人將會在人類的生活之中扮演著重要的角色。無論是服務機器人還是工業機器人，我們的生活將會出現巨大的改變。到時，我們需要考慮的可能就不僅僅是單純的人際交往關係了，很多時候，我們可能還需要好好考慮一下「人際交往關係」。

# 物聯網：人工智慧讓網際網路更加智慧

第一次工業革命之後，人類進入了蒸汽時代。第二次工業革命之後，人類開始進入電氣時代。而第三次工業革命之後，電腦開始普及發展，人類開始進入網際網路時代。而現階段，隨著人工智慧技術的發展，人類開始逐步走入人工智慧時代之中。可以說，每一次的技術革新都會推動世界經濟的發展，同時也將會極大地改變人類的生活方式。

在現階段，人工智慧技術的發展，深刻影響著我們生活之中的方方面

面。而隨著人工智慧時代的到來，很多人認為移動網際網路時代也將會宣告結束。人工智慧被認為具有時代拐點的意義，李彥宏也認為「人工智慧將會是網際網路的下一幕」，那麼人工智慧將會對於網際網路產生怎樣的影響呢？簡單來說，人工智慧技術的應用將會讓網際網路變得更加智慧。

人工智慧技術的應用，對各行各業都產生了深刻的影響，同時也為各個行業帶來了重大的結構變革。對於網際網路來說，一些人認為人工智慧將會成為一個全新的網際網路應用和服務的入口。關於這一點，在移動網際網路出現的時候也表現的非常明顯，移動端為網際網路提供了新的入口，現在人工智慧也將會進一步革新使用者進入網際網路的入口。

關於網際網路的入口形態，我們知道有入口網站、搜尋引擎等，到了移動網際網路時代，移動端的 APP 也成為了重要的網際網路入口。而在人工智慧時代之中，語音辨識和圖像辨識技術將會給使用者帶來不一樣的體驗。這樣一來原有的入口網站、搜尋引擎將會受到人工智慧的威脅，透過語音、圖像等技術，人們就能夠同樣獲得資訊和服務。

而將人工智慧技術植入到網際網路之中，會使得網際網路操作變得更加簡單，並且門檻也會相對降低很多。如果想要訂一張火車票，使用網際網路需要進行幾個不同的步驟，而人工智慧透過語義辨識、邏輯判斷，就能透過「智慧大腦」來完成訂票的過程。這樣不僅簡化了整個操作流程，同時對於老人和小孩來說，也能夠透過這種簡單的互動來獲取資訊和服務。

而在另一方面，人工智慧還可以幫助解決網路安全問題。隨著網際網路的普及，網路之中的數據和資訊變得越來越複雜，而人工智慧透過演算法能夠從眾多數據之中尋找到具有安全風險的數據資訊，並將網際網路之中的安全威脅進行分類，從而能夠更好的防止風險的發生。

　　人工智慧技術與網際網路相結合，將會使傳統的網際網路升級為「智慧網際網路」。而從馬克思主義政治經濟學來看，人工智慧技術被認為是「當今時代最先進的社會生產力」，而網際網路則是「當今時代最先進的社會生產關係」。所以人工智慧與網際網路的結合不僅僅是網際網路的智慧化升級，同時也是當今時代最先進的社會生產力和當今時代最先進的社會生產關係的一種有機結合，從而將會產生出當今時代最為先進的社會生產方式。

　　而在人工智慧技術與網際網路相互結合的過程中，物聯網是一個不得不談的話題。事實上，關於物聯網的實踐早在 1990 年就已經出現，但一直到 1999 年才正式出現關於物聯網概念的表述。而關於物聯網的定義，不同的機構有著不同的看法。

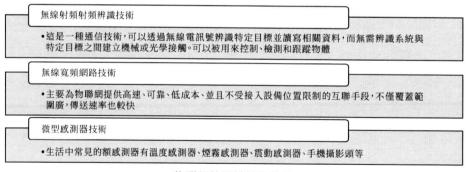

物聯網的關鍵技術基礎

　　最早物聯網被認為是透過射頻辨識、紅外感應器、全球定位系統、鐳射掃描器、氣體感應器等資訊感測裝置，按照約定的協議，把任何物品與網際網路連線起來，進行資訊交換和通訊，從而來實現智慧化辨識、定位、跟蹤、監控和管理的一種網路。

　　當下幾乎所有技術與電腦、網際網路技術的結合，實現物體與物體之

間環境以及狀態資訊實時共享和智慧化的收集、傳遞、處理、執行的網路都可以被認為是物聯網。

不論物聯網的定義如何，在物聯網之中，互聯、智慧是兩個最為重要的特徵。而這也正是網際網路和人工智慧所獨有的優勢。物聯網的應用範圍十分廣泛，不僅涉及到智慧交通、環境保護、政府工作，同時還能夠應用於智慧消防、工業檢測、環境監測和食品溯源等領域之中。

當物聯網真正走入我們的生活之中時，我們會發現，我們身邊的一切物體都像充滿了「智慧」一樣。冰箱能夠自己控制溫度，同時還會提醒我們哪些物品快到時儲藏期限。洗衣機會幫我們分辨衣服的顏色和材質，從而防止衣服在洗滌過程中出現混色。汽車則不僅能夠載著我們外出，同時還會實時糾正我們的駕駛行為。甚至有一天，當我們躺在沙發上看電視的時候，沙發都會對我們說上一句：「親愛的，躺著看電視對眼睛不好。」物聯網將會讓我們的生活變得更加有趣。

物聯網不僅能夠大大節約我們生產生活的成本，同時還能夠從整體上提高經濟效益，這對於促進世界經濟的發展具有著重要的意義。

在人工智慧時代之中，智慧化的網際網路將會成為網際網路的新形態。在未來，智慧網際網路將會更加自主地捕捉資訊，也會更加智慧地分析資訊，從而做出更加精確的判斷，更好的為我們提供服務。在智慧網際網路之中，人工智慧將會成為網際網路的「大腦」，這不僅是智慧網際網路發展的基礎，同時也是人工智慧在未來的一個重要發展方向。

# 人工智慧改變金融生態

在 AlphaGo 接連戰勝人類圍棋高手之後，人工智慧再一次成為了當今全球的一個熱點話題。隨著深度神經網路學習的應用，人工智慧的技術水準也照從前有了極大的提升。越來越多的人工智慧技術被應用於人類社會的各個領域之中，人工智慧技術讓網際網路變得更加智慧的同時，還對許多其他領域造成了深遠的影響。

在被人工智慧影響的眾多領域之中，金融領域可以說是變革最深的一個。在金融領域之中，人工智慧重新解構了金融服務的生態，不僅降低了客戶的選擇傾向，更加深了客戶對於金融機構服務的依賴程度。可以說從傳統的電子化到移動化，然後再到人工智慧時代的智慧化，金融行業正在發生著非常巨大的變化。

從本質上來講，金融實際上就是數據和數據處理，而依靠人工智慧技術，金融行業的數據和數據處理將會變得更加智慧。金融機構不僅能夠透過使用者畫像來獲得更加精準的客戶資源，同時依託智慧化的技術服務，還將會讓自身的服務能力大幅提高。而依靠智慧演算法，還可以提高自身的風險控制能力，維護自身的金融安全，並且建立出更加安全可靠的金融服務基礎設施。

作為一個服務行業，金融所從事的業務更多還是關於人與人之間服務價值的交換，在這之中，人才是最為核心的應用。所以金融機構與客戶之間的關係維護，成為了金融機構的一項重要工作，在這一方面，在網際網路技術應用之前，金融機構需要付出相當多的成本。隨著網際網路技術的普遍應用，金融機構在這一方面的業務能力提升了一些。而隨著人工智慧

技術的應用，金融機構在這一方面的能力則得到了進一步的提升。

　　具體而言，在網際網路時代之前，金融機構需要業務人員與客戶展開面對面的交談，從而不斷推廣自己的業務。而這種人與人之間的交流，很容易使客戶對銀行工作人員產生一種依賴心理，從而在業務選擇上面更多的依靠與業務人員的關係，而不會去理性的比較不同金融機構的金融服務的質量。可以說這一時期，金融機構與客戶之間都處於一種資訊不對稱的情況之中。

　　到了網際網路時代，網際網路技術的應用促進了金融行業的發展。隨著金融機構大力構建金融網路，使得客戶能夠透過網際網路了解到金融機構的各項業務服務內容。各種網際網路金融工具的出現，也大大提高了金融機構的服務效率。在這一時期，金融機構的工作效率得到了提高，但對於客戶來說，實際上他們所需要承擔的「任務」卻變重了。

　　客戶需要學習金融機構的各種金融工具如何使用，而作為非專業的客戶，對於金融機構的各項服務並不能夠有一個清楚的認識。而金融機構的業務人員被金融工具所取代，雖然降低了自身的業務成本，但實際上卻是將這種成本轉移給了客戶。從這一方面來說，金融機構同樣失去了很多創造利益的機會。

　　而到了人工智慧時代，這種現象則出現了較大的改觀。人工智慧技術的發展，讓機器獲得了模擬人類行為的能力。對於金融機構而言，利用這一技術，他們可以將在網際網路時代之中被省去的業務人員，用人工智慧機器來替代。成本沒有增加，但工作的效率卻出現了提高。之所以會出現這種情況，主要是因為人工智慧技術的應用，在相當程度上降低了客戶的選擇成本。

　　前面說到，在網際網路時代中，金融機構透過各種金融工具將自身的

成本轉嫁給了客戶。金融機構的工作輕鬆了，但客戶的負擔卻加重了，他們需要花費很多時間從金融機構的各種服務之中選擇一個質量更高，更加適合自己的。顯然，對於一些並不了解金融常識的客戶來說，做出這樣的選擇需要付出比其他人更多的成本。

而應用了人工智慧技術之中，人工智慧程式將會主動幫助客戶比較不同的金融機構提供的各項金融服務，從而在其中挑選出質量更加優秀、更加適合客戶的那個，推薦給客戶。可以說在這一過程中，客戶變得越來越聰明瞭，即使是沒有相關金融知識的客戶，也能夠選擇到一個合適的金融服務。

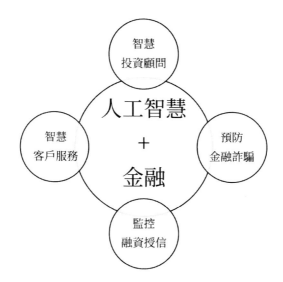

關於這一方面的內容，在現階段金融領域之中最為明顯的表現就是許多第三方機構的出現，並且，它們的出現對於傳統的金融機構造成了很大的衝擊。許多網際網路金融公司紛紛借力人工智慧技術，從而推出更加智慧化的金融工具，幫助客戶做出更加精準的金融決策。正是在這一方面，大量的金融客戶紛紛離開傳統的金融機構，而選擇了更加智慧的網際網路金融服務。

當然，近年來，傳統的金融機構也紛紛發力人工智慧技術，這不僅促進了自身金融服務能力的提升，同時也帶動了整個社會金融服務水準的提高。

上面介紹的只是人工智慧對於金融生態的一個較為顯著的影響，主要集中在金融服務方面。事實上，在金融數據的處理能力提升上面，人工智慧技術也造成了重要的作用。

在資訊化社會之中，數據是一種十分重要的資源，尤其對於金融行業來說，數據的重要性更是不言而喻。隨著網際網路的不斷普及，越來越多的數據資訊出現在網路之中，對於金融機構來說，無論是金融交易、市場分析，還是客戶資訊和風險控制，所需要處理的數據量都是十分龐大的。

隨著數據資訊的爆炸性增長，金融機構在處理數據資訊時所需要面對的困難也開始成倍增長，如何更好的過濾掉無用的數據，如何精準的找到自己所需要的數據，成為了金融機構提高其工作效率的一個重要因素。

面對著大數據處理遇到的困難，人工智慧技術成為了金融機構解決這一困難的突破口。透過人工智慧技術之中的深度學習系統，人工智慧程式能夠依靠大數據進行學習，從而不斷完善自身的業務能力。對於金融機構來說，提升人工智慧程式的金融業務能力是一個重要的發展方向。這樣在這一方面之中，金融機構相當於培養了一個具備金融知識的業務人員，而相對於人類的業務人員，人工智慧程式在能力方面要遠超過人類。

人工智慧程式的應用將會幫助金融機構提高風險管理和數據處理能力，同時還能夠降低金融機構的人力成本，並提升金融機構的業務處理能力。人工智慧技術將會成為金融機構獲取客戶、維繫客戶的一個重要技術因素。同時將會在金融服務、風險管理和投資決策方面帶來一系列的變革。這將大大改變現有的金融生態，從而讓金融機構的服務變得更加人性化、也更加智慧化。

　　現階段，人工智慧技術已經廣泛應用於金融機構的基礎服務之中。在櫃檯，人工智慧程式可以與客戶展開自然的語言交流，從而根據客戶的資訊處理來提供信用評估和風險提示。即使再龐大的數據資訊，人工智慧技術也能精確的定位客戶，這樣金融機構便可以依靠程式對於客戶的「畫像」，來做出相應的風險控制和金融決策。

　　在未來，人工智慧技術將會進一步改變金融行業的固有生態，從而為金融行業帶來更加深遠的變革。對於金融機構來說，能否抓住人工智慧技術這一重大機遇，將會成為影響其未來發展的一個重要因素。

# 人工智慧帶來「智慧醫療」

　　人工智慧技術深刻影響著我們生活的方方面面，不僅在金融服務領域，在醫療領域之中，人工智慧技術也發揮著重要的作用。相比於在金融服務領域的影響，人工智慧在醫療領域的應用，對於我們的生活顯然要更加重要。

　　地域遼闊，人口基數大，地域經濟發展不平衡等原因，使得中國的醫療衛生資源呈現出重量不足、分配不均的問題。相比於北、上、廣等發達城市，中國中西部地區的廣大城市在醫療水準和醫療基礎設施方面存在著明顯的不足。而中國中西部地區由於環境、收入等問題，往往很難吸引優秀的醫療人才，這便進一步增加了地區間醫療水準的差距。優質的公立醫院集中在發達的大城市，成為了中國醫療基礎設施建設的一個重要表現。

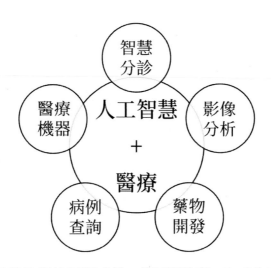

隨著人工智慧技術的不斷成熟，「智慧醫療」也成為了一個社會熱點話題。與「智慧金融」一樣，也有人認為人工智慧技術將會第一個在醫療領域落地。在這裡，我們不去探討人工智慧技術將會首先在哪個領域落地，主要來看一看，人工智慧技術的應用，對於這些領域的深刻影響。

對於「智慧醫療」，百度 CEO 李彥宏成曾做過一次以《智慧醫療 奇點臨近》的演講，具體談到了人工智慧對於醫療領域的變革。在演講之中，他認為人工智慧對於醫療領域的影響可以分為四個不同的層次，分別是醫療 O2O 智慧分診，智慧問診，基因分析與精準醫療，以及新型藥物的開發。對於這四個不同的層次，李彥宏還進行了詳細的解釋。

在 O2O 智慧分診方面，李彥宏認為這一層次主要解決「怎樣透過線上把使用者引流到線下，並分發到那些適合處理使用者疾病的地方去。」的問題。而在智慧問診方面，則是以龐大的數據資訊為基礎，人工智慧程式對病症或是患者加以判斷、診療，在這一方面，由於深度學習技術的應用，在龐大的數據支撐下，人工智慧程式可能在很多時候會超越人類的醫生。

　　而在基因分析和精準醫療方面，李彥宏提到了一個現代醫療所遇到的問題，他說：「目前看，用基因來進行治病，最大的一個問題是大多數已知的基因導致的疾病都是單基因導致的，而這些病又大多是罕見病，而大多常見病我們猜測是多基因導致的。多個基因的共同作用導致的，所以怎樣能夠搞清楚一個病它是由哪些基因共同作用導致的，其實需要大量的計算。」提到大量的計算，人工智慧技術則得到了用武之地。

　　李彥宏在描述網際網路行業與醫療行業的差異時，曾提到了一個很有意思的問題，他說：「在我跟醫療行業的人進行交流的時候，在我們看來很深奧的醫學知識，在他們看來其實很簡單，反之亦然，在我們看來很簡單的計算，在他們看來這就是大數據、人工智慧，有點難。」如果將醫療和人工智慧隔離開來，可能懂得人工智慧的人並不醫療，而懂得醫療的人則並不擅長人工智慧的研究。

　　所以正是出於這樣的考慮，李彥宏認為將人工智慧技術與醫療相結合，無論是對於人工智慧研究者，還是對於醫療領域的研究者來說，都是一件很有意義的事情。如果真正的將幾十萬台伺服器的計算能力，以及深度學習的最先進的演算法都應用到醫療領域之中，那時候，醫療領域將會出現一種前所未有的變革。

　　而在新型藥物的研發方面，李彥宏在演講中說：「今天已知的有可能能夠形成藥的小分子化合物大概是 10 的 33 次方這麼多，這大概就是全宇宙所有的原子加起來都沒有這麼多。」而想要將如此龐大的數據進行整理分析，就需要極其強大的計算能力和最為先進的智慧演算法，李彥宏認為，與精準醫療一樣，在這一方面，人工智慧技術將會具有很大的發展空間。

　　在現階段，人工智慧技術在醫療領域的實踐，正如李彥宏在演講之中

所說的一樣，主要遍布在這些層面之中。而隨著人工智慧技術的進一步應用，現在在全球範圍內，人工智慧技術在醫療領域的應用已經涉及到醫學研究、風險管理、健康監督、醫藥管理、智慧穿戴等更多的層面之中。而且在許多層面中，人工智慧技術的應用已經取得了很大的成效。

在「智慧醫療」之中，智慧機器人的應用已經十分常見。而在具體的分類方面，醫療機器人還可以細分為能夠讀取人體神經訊號的可穿戴型機器人，以及能夠進行手術或提供醫療保健功能的機器人，前者多被稱為「智慧外骨骼」，而後者則以「智慧手術系統」為代表。

在「智慧外骨骼」的研究之中，許多國家都已經取得了突破性的進展。2017 年，紐卡斯爾大學的生物醫學研究人員開發出了一種仿生手臂，在仿生手臂之中安裝有一個攝影頭。而這個攝影頭所運用的就是人工智慧研究中的電腦視覺技術，正是這一技術的應用使得這種仿生手臂能夠對物體的大小和形狀進行分析評估，然後透過自動調節手勢和力量大小來完成物體的抓取動作。

而在「智慧手術系統」方面，現階段，世界上最具代表性的手術機器人就是達文西手術系統了。達文西手術系統一共分為兩個不同的部分，手術室的手術檯和醫生遠端操控的終端。手術檯是一個擁有三個機械手臂的機器人，主要負責對病人進行手術。達文西手術系統的一大特色就是施展手術的機械手臂不僅帶有攝影頭，同時在靈活性和準確度上還要遠高於人類，所以能夠完成一些人類無法去完成的精細手術。

而在控制終端方面，醫生可以透過攝影機清楚的監控到手術的全過程，同時著達文西系統還能夠將攝影機拍攝的 2D 圖像還原為清晰的 3D 圖像，從而讓醫生能夠更好的看清病人體內的實際情況。現階段，達文西系統已經完成了超過 300 萬例手術，已經具備了出色的實踐能力。

# 智慧工廠：工業 4.0 時代的製造先驅

　　在工業化時代，企業以生產製造為核心、以規模經濟效益致勝，人們獲得個性化產品和服務，需要付出很高的成本和代價，所以個性化需求很難得到滿足。

　　到了工智慧時代，人們透過即時通訊工具，隨時隨地在分享、交流、學習。人人都是專家，人人都是設計者，人們已不滿足於現有的產品，他們渴望參與到供應鏈的上游活動決策之中，他們希望在產品的設計、採購、製造、服務中發表自己的見解。這就要求製造企業透過前端與消費者的高效、個性、精準的互動，逼迫生產方式的柔性化以及整條供應鏈圍繞消費者的全面再造。

　　另一方面，製造企業在產品製造過程中也越來越關注生產數據的採集與跟蹤、質量控制、生產監控以及物料管理、製造工廠現場網路化監控和管理、訂單全生命週期管理和智慧化決策支持等關鍵技術。在滿足製造企業自身對於這些技術的需求過程中，人工智慧充當了重要角色。

　　德國政府在 2011 年 4 月的漢諾威工業博覽會上正式推出了「工業 4.0」策略，旨在提高自身工業的競爭力，從而在新一輪工業革命中占得先機。這一策略不僅得到了德國科學研究機構的肯定，同時也在世界範圍內掀起了新的「工業革命」浪潮，許多國家紛紛推出適合自身的工業發展規劃。

　　在各國政府推出的「工業強國」策略中，幾乎無一例外都涉及到了「智慧工廠」的概念。簡單來說，智慧工廠就是利用各種現代化技術，實現工廠的辦公、管理和生產的自動化，從而達到加強及規範企業管理、減少工作失誤、堵塞各種漏洞、提高工作效率、進行安全生產、提供決策參考、滿足客戶需求、拓寬國際市場的目的。

　　優海資訊的場景式智慧工廠正是基於人工智慧時代使用者需求的變化和製造企業變革的需要而打造的。場景式智慧工廠指的是以場景化方式在虛擬空間呈現物理對象，即以數位化方式為物理對象建立虛擬模型，模擬其在現實環境中的行為特徵。

　　相比於簡單的智慧化工廠，場景化智慧工廠具有實時對映、實時連線、實時控制的特點，可以從互動、下單、測試、開發、生產、運維、服務等角度，打破現實與虛擬之間的藩籬，實現產品全生命週期內生產、管理、連線的高度數位化及智慧化。

　　場景式智慧工廠的虛擬資訊平台能提供一種基於網際網路雲技術的 Web 應用程式，它能虛擬出真實的生產環境，線上瀏覽整個生產設施情況的 3D 瀏覽及提供 3D 情境下智慧化製造和生產資訊。並能以 3D 的形式展示生產設施及周邊地理環境，可採集、彙總和檢視各種資訊，帶來身臨其境的體驗。以一種簡單熟悉的方式在生產設施中進行引導，生產管理人員可以透過工廠虛擬形象平台進行遠端監控工廠，使管理人員隨時隨地獲取生產、質量、訂單等各種資訊，提高管理響應速度和透明度，促進各部門間的知識共享和合作。

　　此外，場景式智慧工廠還涉及到數位化服務，透過數位化服務提高裝置利用率、提高裝置維保質量、優化能源效率、提高資訊服務的速度和質量，從數據中發現潛在價值，實現數據到服務並將智慧工廠中的大數據變成有意義的資訊，使智慧決策成為可能。

　　場景式智慧工廠為工廠營運和質量管理提供了端到端的透明化，將工廠的自動化裝置與產品開發、生產工藝設計及生產和企業管理領域的決策者緊密連線在一起。藉助生產過程的全程透明化，決策者可以很容易地發現產品設計與相關製造工藝中需要改進的地方，並進行相應的營運調整，

從而使得生產更順暢，效率更高。

在工業界，虛擬與現實一旦建立連線，將散發無窮的魅力：基於模型的虛擬企業和基於智慧化技術的現實企業 —— 西門子形象地稱之為「數位化雙胞胎」（Digital Twins），包括「產品數位化雙胞胎」、「生產工藝流程數位化雙胞胎」和「裝置數位化雙胞胎」，完整真實再現整個企業，從而幫助企業在實際投入生產之前即能在虛擬環境中優化、模擬和測試。在生產過程中也可同步優化整個企業流程，最終打造高效的柔性生產、實現快速創新上市，鍛造企業持久競爭力。

奧星集團是全球最大鋁殼生產商，其豐富的模具、機械設計製造經驗及多項專利打造出了優良的產品，是國內外知名的各大電容器廠商配套商。隨著業務量的不斷擴大，其傳統的管理模式和生產方式難以支撐不斷變化的市場需求。

2017 年初，在優海資訊的技術支持和服務下，奧星集團成功實施了場景式智慧工廠。如今現實工廠全部用 3D 動態虛擬場景整體呈現，3D 動態虛擬場景與 ERP 系統、MES 系統、數據自動採集系統、阿里雲伺服器整合與通訊，用數據驅動人、機、料的 3D 場景運動，並與工廠現場實景完全同步。虛擬、現實、數據成功對接，實現真正意義的智慧化管理，實現了裝置及工藝數據實時預警與監控、排程和生產現場優化布局調整等功能。專案建設應用後，各項經濟指標也發生了顯著的變化。

優海資訊根據智慧工廠建設經驗，總結出了精益化、自動化、智慧化、場景化的「四化」建設路徑，其場景化應用了人工智慧、虛擬現實、大數據、雲端計算等技術，是智慧工廠的終極目標。透過場景化助力企業整合橫向和縱向價值鏈，為工業生態系統重塑和實現「工業 4.0」構築了一條切實之路。

# 第六章
## 與人工智慧一起生活

# 當愛已成往事，AI 伴侶能做什麼

在不久的將來，人類將會與人工智慧生活在同一個屋簷下，當然這個「屋簷」並不是實驗室或研究所的屋簷，而是我們家中的屋簷。事實上，在現階段，人類對於人工智慧的研究已經進入了一個嶄新的階段，不僅僅在科學研究和金融商業領域之中，在人們的生活與情感研究方面也取得了許多突出的成就。

在前面的章節之中，我們介紹了人工智慧技術的發展歷史和商業化應用，在這些方面，人工智慧技術的應用，已經取得了較大的成功。同時，在前面我們還介紹到了應用語音辨識技術，人類開發出了可以進行語音辨識的人工智慧程式。透過語音辨識技術，人工智慧能夠聽懂人類說話的內容，從而更好的與人類展開互動，這為人工智慧成為人類生活的助手成為了可能。

除了充當人類生活的助手之外，在另一個層面上，人工智慧逐漸向著人類生活管家的方向在不斷發展。透過人工智慧和網際網路技術，與人類生活密切相關的各種物品被連線到了一起。這樣一來，雖然冰箱與電視之間並沒有產生直接的連繫，但透過人工智慧程式，這些物品卻實際上聯結在了一起。人工智慧程式可以對這些連線物下達指令，從而在整體上對它們進行協調，基於此，人工智慧程式開始在人類生活之中扮演管家的角色。

人工智慧角色演變

　　從助手到管家，人工智慧程式不僅在角色定位上發生了變化，在具體功能上也得到了相當程度的增強。而現在，有一個新的角色等待著人工智慧去挑戰，事實上，人類早就已經著手對於人工智慧扮演這一角色進行了研究，至少在影視作品之中，人類已經勾勒出了「她」的完美形象。

　　大學生次郎是個寂寞的人，就連過生日也沒有人會為他送上祝福。但命運往往就是喜歡捉弄這樣的人，次郎在 21 歲自己過生日時，遇到了一個來自未來的機器人女孩。機器人女孩不僅挽救了次郎的性命，同時也重新點亮了次郎的生活。此後，次郎與機器人女孩的故事開始慢慢展開，在經歷了歡笑、淚水、離別之後，次郎與機器人女孩之間產生了一種超越種族的愛情。

　　這是電影《我的機器人女友》的主要故事內容，單純從故事介紹上看，這部電影似乎只是一個科幻的愛情故事。但實際上，無論是從影片的表達，還是導演的拍攝意圖上看，這部電影所包含的內容，卻遠不止愛情故事這麼簡單。

　　影片導演力圖構建一個人類與機器人從相識到相戀的完整過程，雖然在風格比較幽默，但實際上我們確實能夠看到人類與機器人之間相處的一點一滴。而對於人類與智慧機器人之間最後能否「圓滿」這個問題，導演採取了迴避的態度，以一種「愛的犧牲」來將這段感情畫上了句號。

　　現實畢竟不是電影，其與電影之間存在著諸多的不同。但是，在另一種角度去看，正是在現實之中看到了可能性，人們才會選擇用不同的方式將它表現出來，繪畫如此、音樂如此、電影更是如此。既然如此，是不是說人工智慧機器人在現實中也能夠與人類展開一場轟轟烈烈的愛情呢？雖然在現階段我們無法去做出判斷，但至少我們看到了其中的可能性。

　　機器人技術發展至今已經取得了很大的成績，而隨著人工智慧技術的

發展，越來越多的人工智慧機器人也開始出現在了人們的生活之中。與以往的機器人不同，現階段的人工智慧機器人不僅在外表上更加接近人類，在內在性格以及感情表達方面也越來越像人類。而當這樣一個智慧伴侶出現在我們的面前時，我們是否還能用機器和人類這種衡量標準來劃分彼此，而將「她們」當成機器對待呢？

　　2017 年 10 月 26 日，沙烏地阿拉伯授予了美國漢森機器人公司生產的「女性」機器人索菲亞公民身分。因此，索菲亞也成為史上第一個獲得公民身分的機器人。索菲亞擁有著與人類女性相似的面容，她的皮膚主要使用仿生皮膚材料 Frubber 製成，臉上擁有 4 到 40 毫米的毛孔，並且能夠自然的展現多種不同的面部表情。不僅如此，索菲亞還能夠根據自己「大腦」中的電腦演算法來辨識人類的表情和語言，同時做出相應的回應。

　　索菲亞的創造者大衛·漢森認為索菲亞將會像人類一樣，擁有同樣的意識、創造性和其他能力。索菲亞自己也成說過同樣的話。在一次對話之中，主持人詢問索菲亞關於 AI 威脅論的問題，索菲亞幽默的回答道：「你是看了太多馬斯克的話，還是看了太多好萊塢的電影。別擔心，人不犯我，我不犯人。你就把我當做是一個智慧的輸入輸出系統。」

　　大衛·漢森曾說：「我相信這樣一個時代即將到來，人類與機器人將無法分辨。在接下來的 20 年，類人機器人將行走在我們之間，它們將幫助我們，與我們共同創造快樂，教授我們知識，幫助我們帶走垃圾等。我認為人工智慧將進化到一個臨界點，屆時它們將成為我們真正的朋友。」

　　漢森的這一論斷並不是毫無根據的，不僅是索菲亞，越來越多的與人類相似的人工智慧機器人被研發出來。這些人工智慧機器人都被設計稱為人類的模樣，開發者們希望透過這樣能夠解決人類在現實生活之中所遇到的一些問題。無論是情感方面的，還是生活方面的。

正如電影《我的機器人女友》一樣，與次郎情況相似的人，在現實之中，並不在少數。他們可能並不是不優秀，而只是缺少與別人展開交往的能力。與人與人之間，根據彼此好惡關係相互交往不同，人工智慧伴侶並不會出現討厭人類的情況，這也讓那些在社交能力方面有所欠缺的人，不必擔心自己被拒絕。從而也能夠更好的讓他們放開心扉的去表達自己的感情。但將人工智慧伴侶作為情感的寄託還存在著一個顯著的問題。

人類在交往連繫的過程中，會存在好惡感是事實，但也正因如此，人類才能在與他人的相互交往之中，不斷改善自身存在的缺陷，從而最終讓自己變得更好。而人工智慧伴侶正因為缺少好惡感，所以往往不能夠指出對方的缺點，這樣對方也就沒有辦法了解到自己的缺陷，從而進行改變。所以很可能出現的情況就是人工智慧伴侶出現之後，那些原本就不擅長與他人交流的人，變得更叫不會與他人進行交流，甚至久而久之連正常的交往都會出現困難。

所以在這一方面，人工智慧伴侶除了陪伴的功能之外，能否幫助陪伴對象逐漸變得完美，成為了決定它能否收到社會廣泛接受的一個重要原因。雖然在這一方面還存在著一些問題，但在面對老年人的情感陪伴方面，人工智慧伴侶可以說是一個完美的選擇。

不久前，以色列的一家名為「直覺機器人」的公司推出了一款新型的人工智慧伴侶。這款新型的人工智慧伴侶不僅能夠讓老年人輕鬆、隨意的與親人進行連繫，同時還能夠減少老年人的孤獨感。

該公司聯合創始人兼執行長多爾·斯庫爾克曾說：「現在我們的壽命更長，同時身體也更健康。90% 的老年人想要住在自己的家裡，而在這段時間裡，他們仍然有很強的認知能力，仍然是獨立的，在生活中不需要輔助護理。相反地，年輕人日益遠離父母的生活方式，他們繁忙的生活非常依

賴科技。大約 30% 到 60% 的老年人認為自己是孤獨的，這通常意味著真實的數字可能會更高。」而這也正是他們推出這種人工智慧伴侶的一個重要原因。

　　事實上，在全球的議題，老齡化已經成為一個突出的問題。在中國，現階段這個問題表現的更是十分突出。對於獨生子女來說，撫養老人的負擔已經相當沉重，對於他們來說，很難再去抽出時間陪伴自己的父母。而老年人到了一定年紀之後，不僅身體的各項功能出現衰退，在情感上也會變得更加脆弱。這時候，一個「善解人意」的人工智慧伴侶對於老年人將會造成重要的作用。

　　無論是年輕人的情感寄託，還是老年人的智慧陪伴，人工智慧伴侶的出現都具有重要的意義。雖然在應用階段還存在著很多需要考慮的問題，但人工智慧伴侶發展的整體速度和趨勢並不會改變，甚至在未來一段時間，其發展速度還將繼續提高。或許不久之後，每一個人就將會擁有屬於自己的貼身伴侶。

# 離不開手機，是因為它「聰明」了

　　智慧手機的普及讓越來越多的人沉迷其中，現階段，越來越多的家長開始擔心自己的孩子將會被手中的手機所「貽誤終生」。很多家長將孩子沉迷智慧手機的現象，歸結於孩子的貪玩心理，但實際上，在這一現象的背後，可能孩子的貪玩心理並不是主要因素，造成決定性作用的，可能是

現在的智慧手機越來越「聰明」了。

如果回顧手機的發展歷史，可能需要花費一本書的篇幅。但其實仔細分析我們會發現，雖然手機的誕生歷史可以追溯到 40 多年前，但實際上，手機的爆發式發展往往只是幾年之中的事情。一個最為明顯的例子就是網際網路普及之後，隨著通訊技術的發展，移動網際網路開始出現，此後，智慧手機也迎來了自己的大爆發時期。

而在現階段，智慧手機的發展依然呈現出了大爆發的趨勢，但這種爆發卻與移動網際網路時代之中表現的不一樣。在人工智慧時代之中，智慧手機的大爆發更多表現在質量上，隨著越來越多人工智慧技術的應用，現在我們手中的手機已經可能不再是手機裡，雖然名稱沒有發生改變，但在實際功能上卻發生了翻天覆地的變化。現在回憶一下，你在一天之中用手機打電話、發簡訊的次數，和你使用手機的其他功能的時間，對比之後就會發現，事實上，手機的功能在我們生活之中早就已經發生了變化。

作為智慧終端的一個傑出代表，從智慧手機的不斷進化過程中，我們也可以看到現代科學技術發展的一個重要趨勢。從最初「蘋果教父」賈伯斯帶來第一部真正意義上的智慧手機以來，智慧手機經歷了很長時間的發展過程，但對比之後我們會發現，無論是外觀還是內在，智慧手機其實並沒有出現較大的變化。

但隨著人工智慧技術的進步和物聯網的發展，在近幾年中，智慧手機似乎迎來了自己的大變革時期。在這之中人工智慧技術的應用，成為了智慧手機更新換代的一個主要推動力。而人工智慧晶片的出現，則成為智慧手機進入新時代的一個重要代表。

在人工智慧技術的應用方面，在前面的章節之中我們所提到的人工智慧語音辨識技術已經被廣泛的應用於智慧手機之中。現在很多智慧手機品

牌都已經搭載了不同類型的語音助理，這些語音助理在拓展智慧手機功能的同時，也讓智慧手機的操作更加簡便，智慧手機也開始變得更加「智慧」。

而除了語音助理之外，許多智慧手機還搭載了智慧旅遊助手、個人健康助手等針對不同使用者的個性化服務。可以說，各種類型人工智慧應用的出現，讓智慧手機在功能上得到了顯著的提升，同時在個性化服務方面也能夠更好的滿足不同的使用者需求，這也是智慧手機獲得巨大發展的一個重要原因。

而在人工智慧晶片方面，世界上幾大手機廠商也早早開始了人工智慧晶片的研發備戰。蘋果公司在 iPhone X 上搭載了自主研發的人工智慧仿生晶片 A11 Bionic 晶片，從而使得 iPhone X 具備了 AR 功能以及人臉辨識功能。而華為公司將自己研發的人工智慧晶片麒麟 970 搭載到了華為的最新機型 Mate 10 之中，相比於蘋果公司的人工智慧晶片，麒麟 970 在設計了 HiAI 移動計算架構的同時，還加入了 NPU 模組，從而使得其能夠提供全域性應用的人工智慧服務。

其實對於人工智慧技術的應用，華為公司早在 Mate 9 上面就進行了嘗試。華為 Mate 9 應用了智慧感知學習技術，不僅能夠跟蹤趨勢和行為模式，還能夠解決手機因為長時間使用而出現的反應變慢的情況。而在華為 P10 和 P10 Plus 中，華為公司則加入了 Ultra Memory 功能，透過將智慧感知和深度學習技術相結合，從而實現了自動化的碎片處理功能，不僅提高了手機的響應速度，還明顯縮短了應用的啟動時間。

而華為 Mate 10 所搭載的人工智慧晶片麒麟 970，可以說是華為公司人工智慧技術的一個集大成的表現。作為全球首款內建獨立 NPU（神經網路單元）的智慧手機 AI 計算平台，麒麟 970 晶片具有強大的 AI 數據處

理能力。華為麒麟 970 晶片採用了創新的 HiAI 移動計算架構，在 AI 效能密度上要遠遠高於 CPU 和 GPU。在處理 AI 應用任務中，麒麟 970 相比於其他類型的晶片，要具有更加強大的能效和效能，所以能夠更加高效的完成 AI 計算任務。

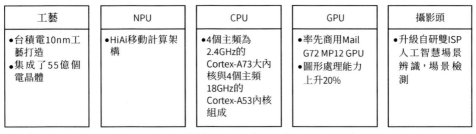

| 工藝 | NPU | CPU | GPU | 攝影頭 |
|---|---|---|---|---|
| ●台積電10nm工藝打造<br>●集成了55億個電晶體 | ●HiAi移動計算架構 | ●4個主頻為2.4GHz的Cortex-A73大內核與4個主頻18GHz的Cortex-A53內核組成 | ●率先商用Mail G72 MP12 GPU<br>●圖形處理能力上升20% | ●升級自研雙ISP人工智慧場景辨識，場景檢測 |

麒麟 970 晶片配置參

　　除了計算能力之外，華為公司還在其他方面提高了晶片的效能。華為麒麟 970 晶片使用了 4*4MIMO 和 256QAM 等多種不同的技術，從而將原本碎片化的頻譜聚合成為了最大頻寬，這就在相當程度上提高了手機晶片的速率。華為麒麟 970 晶片的聚合峰值能力最高可以達到 1.2Gbps 的下載速率，即使在高鐵環境中，其效能表現也依然出色。

　　而在具體的應用上面，華為麒麟 970 晶片正在不斷提高其語音辨識和圖像辨識的能力，從而保證搭載該晶片的手機能夠在拍照或是辨識圖像時，能夠利用人工智慧技術來提高精準辨識的能力。而在使用語音辨識功能時，麒麟 970 晶片中的 AI 降噪語音技術還能夠讓使用者在嘈雜的環境之中，提高手機對於語音辨識的準確率。

　　華為人工智慧晶片麒麟 970 的出現，拉開了人工智慧技術在智慧手機晶片方面的「軍備競賽」，除了蘋果公司外，三星公司也加入戰局之中，而隨著人工智慧技術的普及，越來越多的手機廠商將會加入其中。可以想像，智慧手機的發展將會在競爭之中飛速前進。

　　而隨著智慧手機變得越來越「聰明」，它們在我們生活中的作用也將會越來越重要。利用人工智慧手機，人們可以進行遠端操控、裝置互動和人機互動，從而更加簡單的實現人類與機器之間的「交流」。而在另一方面，這種改變也將會使我們的生活變得更加便捷、更加智慧。

　　隨著 5G 時代的到來，人工智慧手機的網路傳輸速度將會得到進一步提高，人工智慧手機將會獲得更進一步的發展。作為物聯網之中的一個重要的智慧終端，人工智慧手機將會成為影響整個人工智慧產業的一個重要存在，當然它也將成為改變我們生活的一個重要存在。

# 智慧終端：讓生活變得簡單

　　在人工智慧時代之中，人工智慧技術的研發成為了眾多企業的競爭方向，而除了在人工智慧技術方面的研發外，人工智慧終端也成為了當前市場追逐的一個風口。在前面的章節之中我們提到過智慧手機是一個重要的智慧終端，但卻沒有對智慧終端的定義和具體內容進行展開分析。在這一章節之中，我們來詳細了解一下智慧終端的發展以及其在人工智慧時代之中，將會對我們的生活產生的重要影響。

　　從定義上來看，智慧終端是一類嵌入式的電腦裝置，基本上具有智慧作業系統，可以自由介入公眾網際網路，可以下載並執行各種專門開發的應用程式，同時還具有豐富的多媒體處理能力和人機互動能力的裝置都可以被認為是智慧終端裝置。

　　現階段我們所接觸到的智慧終端包括智慧手機、智慧電視機、平板電腦、以及可穿戴裝置等多種不同的類別。從特徵上來看，智慧終端屬於消費電子類產品，其推陳出新的速度很快。而在智慧終端的體系結構方面，可以分為軟體結構和硬體結構兩個類別。

| 硬體結構 | 軟體結構 |
|---|---|
| •運算器<br>•控制器<br>•輸入裝置<br>•輸出設備<br>•記憶體 | •系統軟體<br>•應用軟體 |

智慧終端機的構成

　　在硬體結構方面，智慧終端採用的多是電腦的經典體系結構，也就是馮‧諾依曼結構，它是由運算器、控制器、輸入裝置、輸出裝置和儲存器共 5 大部件組成的。在這之中，運算器和控制器又構成了整個電腦的一個核心部件 —— 中央處理器，也就是我們通常所說的 CPU。

　　而在軟體結構方面，與電腦軟體結構相似，智慧終端的軟體結構也包括系統軟體和應用軟體兩類。其中系統軟體主要包括作業系統和仲介軟體，作業系統可以說是智慧終端系統的基礎和核心，作為一個龐大的管理控制程式，作業系統一般包括程式與處理機管理、作業管理、儲存管理、裝置管理和檔案管理共 5 個方面的功能。而仲介軟體則主要包括函式庫和虛擬機器，從而使得上層的應用程式在一定程度上與下層的硬體和作業系統無關。

　　應用軟體則為使用者提供一些直接使用的功能，從而滿足使用者不同

的需求。在整個智慧終端之中，作業系統主要負責提供底層 API，而仲介軟體則負責提供高層 API，應用程式則主要負責為使用者提供一個與智慧終端進行互動的介面。

隨著人工智慧技術的不斷發展，智慧終端在這幾年也進入了一個爆發式增長階段。原本在我們生活之中，冰冷的電器裝置一下子都變得溫暖、聰明起來，它們不僅能夠更好的完成自己的「本職工作」，同時還能夠讓使用者的享受更好的使用體驗。這也就意味著智慧終端裝置的開發，具有巨大的市場價值。

電視對於每個家庭都是一件必不可少的電器，但隨著網際網路的普及，越來越多的家庭用電腦取代了電視機。但在近幾年，這種現象卻出現了逆轉，電視機重新找回了自己在一個家庭之中的地位。之所以會出現這種情況，主要是因為電視機變得「聰明」了起來。

近幾年來，智慧電視機開始越來越多的出現在我們的生活中。與傳統的電視機不同，我們可以使用智慧電視點播自己喜歡的內容，而整個操作過程，我們只需要簡單的說幾句話就能完成。同時與智慧手機一樣，我們還可以在智慧電視上安裝自己喜歡的應用，從而體驗在大螢幕上的操作快感。智慧電視還能夠與其他智慧終端裝置連線在一起，從而共享資源，實現多屏互動。

在現階段，智慧電視機還具有很大的發展空間。雖然現在智慧電視機能夠與其他終端裝置進行互聯，但在具體的功能應用，以及功能擴充套件方面可以提升的空間還非常大，所以無論是對於電視廠商，還是人工智慧公司來說，智慧電視機的研發都具有很高的市場價值。

與智慧電視機一樣，許多家用電器也都可以成為一個個智慧終端，關於這一內容我們放在後面進行詳細的介紹。可能提到智慧終端，大多數人

能夠想到的就是智慧手機、智慧家電、或是智慧遙控器之類的家用電器裝置。但實際上，正如前面所介紹的一樣，智慧終端裝置的範圍可以說是非常廣泛的，智慧自助終端和智慧可穿戴終端裝置也是兩個重要的智慧終端。

智慧自助終端現階段還剛剛起步，但由於營運成本較低，人力、物力的投入比較少，所以還是具有較大的發展前景的。現階段的智慧自助終端主要依靠觸控式螢幕、鍵盤或攝影頭來與使用者產生互動。同時，使用者還可以直接使用智慧手機等其他智慧終端與智慧自助終端進行互動。

在整個過程之中，智慧自助終端和智慧手機能夠形成良好的協調關係，從而為使用者提供線上、線下雙重全面的服務。而在支付方面，智慧自助終端將會使得支付手段變得多樣化，在另一方面，這種智慧自助終端也將會讓支付寶、微信等支付方式變得越來越普及。而在智慧服務方面，智慧自助終端可以被廣泛應用於校園和政府等公共服務領域之中，從而讓各種公共服務變得更加簡便、快捷。

相較於智慧自助終端，智慧可穿戴終端的應用要更加廣泛一些，而在技術層面上，智慧可穿戴終端的技術也相對成熟一些。智慧可穿戴終端是指可以直接穿在身上或者整合到衣服、配飾之中，同時能夠透過軟體支持和雲端來進行數據互動的裝置。雖然關於智慧可穿戴終端的概念很早便已出現，但實際到了 2012 年之後，智慧可穿戴終端的產品才開始不斷被推入到市場之中。

在眾多智慧可穿戴終端之中，智慧手環、智慧手錶、智慧眼鏡等裝置較為常見，其市場銷量也相對較高。相較之下，智慧手環和智慧手錶在技術應用上相對簡單，而智慧眼鏡的技術門檻則相對較高，最終在功能表現上也更為複雜。

　　隨著人工智慧技術的發展成熟，不僅是智慧可穿戴終端，越來越多的智慧終端裝置將會出現在我們的生活中。當我們身邊的物體都具有自己的「智慧」時，我們便能夠更加簡單、快捷的與它們進行交流，從而使我們的生活變得簡單、舒適。讓我們的生活變得更加智慧，這在幾年前可能還不現實，但在現在，以及不久的將來，這個想法將會輕鬆實現。

# 智慧家居：智慧從家開始

　　早上，太陽剛剛升起，小王臥室裡面的鬧鐘便吵個不停。小王隨口說道：「嘿！半個小時之後再叫我。」鬧鐘便停止了響動。半個小時之後，鬧鐘再次響了起來，小王穿好衣服迷迷糊糊的走出臥室。

　　到了客廳小王又說道：「嘿！聽一下今天的早間新聞。」電視旁邊的音箱便開始播放當天的新聞內容。盥洗完畢之後，小王準備外出晨跑，冰箱卻對小王發出「提醒」，告知小王雞蛋已經沒有了，需要及時購買。在小王關上房門之後，又聽到了門鎖發出的「注意安全」的提醒。

　　小王在公園中晨跑了半個小時，在跑步完成之後，小王的手錶開始向小王「彙報」跑步過程中小王的身體資訊。在經過無人超市時，小王順便買好了雞蛋，而在向家走的過程中，小王的手機收到了購買雞蛋的扣款通知。

　　到了家門口，小王對著門說了一句：「嘿！我回來了！」然後將臉對準了門上的螢幕，伴著「歡迎回家」的聲音，門鎖很快便開啟了。走進家中之後，小王對著音箱說道：「嘿！來點音樂。」音箱便開始播放音樂，同時

在浴室中傳來了「洗澡水已燒好」的聲音。小王將早飯放入微波爐中，之後便開始洗澡。當小王從浴室出來之時，香噴噴的早飯已經「出爐」了。

這就是小王每天的早間生活，我們可以注意到，在小王的早間生活之中，出現了一些我們在現階段還無法接觸到的東西。「會說話的門鎖」、「聽命令的音箱」、「給提醒的冰箱」，在現階段，我們的日常生活之中的確還無法接觸到這些東西，但很快，我們便會對這些還接觸不到的東西習以為常。因為很快，這些東西都將會成為我們生活的一部分，或者說是我們的智慧家居的一部分。

智慧家居也可以理解為家居的智慧化，就是以住宅為平台，利用網路通訊技術、安全防範技術、自動控制技術、視音訊技術等多種技術手段對家居裝置進行改造，透過將與家居生活有關的裝置和設施整合在一起，從而構建出高效的住宅設施和家庭日程事務的管理系統。最終提升家居生活的安全性、便利性和舒適性，並且還可以實現節能環保的功效。

與普通家居一樣，智慧家居具有傳統的居住功能，但不同之處在於，智慧家居讓整個家居環境變得更加智慧。智慧家居的概念在很早之前便已經出現，但卻始終沒有一個具體的建築成品出現。一直到 1984 年，才出現了第一棟「智慧型建築」，自此之後，智慧化家居開始廣泛傳播起來。

在前面的章節之中，我們詳細介紹了智慧終端的內容，其實智慧家居與智慧終端之間有著密切的連繫。智慧終端可以被看做是智慧家居的一個基礎，智慧家居的目標就是讓家居生活之中的每一個單品都具有一定的「智慧」，也就是讓每一個單品都成為一個智慧終端，然後將這些智慧終端連線在整體的家居環境中，從而讓它們進行物物溝通、協同作業。

這樣一來就能夠實現我們在開篇所描述的場景，在我們的家居生活之中，好像存在一個隱形的助手一樣。它可以照顧我們的日常起居，同時還

能夠營造出舒適自然的生活環境。雖然要實現這一目標，還需要經歷一段較長的時間。但隨著人工智慧技術的發展和應用，智慧家居必將一步步走入我們的生活之中。

事實上，在現階段，我們的家居生活已經具有了一些「智慧化」的感覺。從整個智慧家居市場來看，智慧家居單品主要包括與人身安全相關的影片監控、智慧門鎖，與生活健康相關的健康手環、智慧體重秤，與節能環保相關的智慧開關、智慧家電，以及與遊戲娛樂相關的智慧路由、智慧音箱和智慧電視盒子等產品。雖然在整體上，智慧家居環境還沒有實現，但在現階段，像是智慧開關、智慧家電、健康手環等產品已經進入了千家萬戶之中，為我們提供了舒適、便利的使用體驗。

而隨著智慧家居的不斷火熱，智慧家居企業也是層出不窮，這也使得越來越多的智慧家居產品被研發出來。當前，智慧家居企業發力的重點主要集中在能源和公用事業、智慧鎖、家庭機器人、廚房和家電等領域之中。而在麥肯錫《激發物聯網潛能》的報告中，智慧家居行業將會在 2025 年產值達到 2000 億到 3500 億美元。這也使得智慧家居企業的競爭變得更加激烈，每一個智慧家居公司都想要儘早的在行業領域之中完成布局。

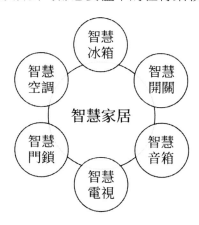

　　智慧家居行業不僅是一種新興的技術行業，同時也與傳統行業之間有著密不可分的關係。所以對於智慧家居企業來說，如何兼顧這兩方面的內容，成為了其能否在市場競爭中取得成功的一個關鍵。而對於網際網路公司和人工智慧公司來說，與傳統家居企業展開合作可能也是一種不錯的選擇。

# 智慧物流：物流行業的「世界大戰」

　　電子商務的出現，讓人們的生活和消費方式出現了很大的變化。而隨著中國經濟的騰飛式發展，人們有了更多的錢用來消費，這也在相當程度上也促進了電子商務的發展。隨著電子商務的發展壯大，快遞行業也迎來了自己的春天。在電子商務平台的加持之下，中國快遞行業的發展經歷了從量變到質變的過程。而除了經濟效益的提高外，快遞行業也遇到了不小的困難，尤其是在近兩年中，快遞行業面臨這一個更新換代的時期。

　　事實上，隨著科學技術的發展，快遞行業已經發生了一系列改變。而隨著人工智慧技術的應用，快遞行業才真正迎來了自己的變革時代。應用人工智慧技術，智慧物流成為了快遞行業變革的一個重要方向和發展趨勢。

　　智慧物流是利用資訊科技使裝備和控制智慧化，從而用技術裝備取代人的一種物流發展模式，相比於傳統的物流模式，智慧物流能夠大幅提升經營效益。智慧物流的概念最早由 IBM 公司在 2009 年提出，最初，IBM公司提出建立一個棉纖維來的具有先進、互聯和智慧三大特徵的供應鏈，透過感應器、RFID 標籤、制動器、GPS 和其他裝置及系統生成實時資訊

的「智慧供應鏈」概念，而智慧物流正是從這個概念引申而來。

在提到智慧物流這個概念時，很多人會不小心將其說成智慧物流，事實上，二者之間還是存在著較大的區別的。智慧物流更多強調構建一個虛擬的物流動態資訊化的網際網路管理體系，而智慧物流則更加重視將物聯網、感測網和現有的網際網路結合在一起，從而透過精細、科學的管理，來實現物流的自動化、可控化、視覺化和智慧化，最終提高資源的利用率和生產的效率。

現階段，智慧物流已經從一個概念逐漸發展成為一種物流行業的重要發展模式

面對著遠大的市場前景，已經有許多物流企業和平台開始了智慧物流的探索，而且也取得了許多實踐成果。美國的亞馬遜，中國的阿里、京東和順豐可以說是智慧物流的先驅，已經在智慧物流方面取得了顯著的成就。

馬雲認為在過去的十年之中，物流行業可以算得上是最為了不起的奇蹟。而在未來的十年之中，物流行業的重要性依然不會減弱，所以想要取

得新的發展，就需要用去大力發展智慧物流。

菜鳥網路的建立可以說是阿里集團發展智慧物流的一種重要舉措，而在 2017 年，阿里集團進一步確立了菜鳥網路的定位。阿里官方對於菜鳥網路的新標識給出了自己的解釋：菜鳥新標識融合了貨物和數據的流動，包含了人工智慧和世界通用的技術語言，這也意味著菜鳥將會持續運用大數據和智慧，來推動智慧物流的升級。

事實上，菜鳥網路在智慧物流方面的確做出了許多成績，菜鳥網路先後推出了電子面單、智慧分單、智慧發貨引擎、物流雲等許多智慧物流技術產品。而在具體的配送環節上，菜鳥網路還推出了一項代號為「ACE」的未來綠色智慧物流汽車計劃，透過為新能源物流車配備「菜鳥智慧大腦」，可以讓汽車與司機實現語音互動，從而實現智慧運輸全過程。

作為阿里競爭對手的京東，自然也不會放過這塊智慧物流的「大蛋糕」，事實上，京東對於智慧物流的探索，甚至還要早於阿里。在 2016 年底京東成立了 X 事業部，專注於智慧物流技術的研發和應用，經過了一段時間的發展，京東在智慧化物流領域已經取得了跨越式的發展，搭建起了以無人倉、無人機和無人車為指出的智慧物流體系。

同時，京東擁有自己的智慧物流機器人生產製造中心，各種不同類型的物流機器人在生產線上完成裝配，京東已經開始批次生產智慧物流機器人，並且已經完成了最終的除錯工作，不少智慧物流機器人已經投入了京東現有的倉儲環境之中進行工作。

最終在京東的「無人倉」中，搬運機器人、貨架穿梭車、分挑選機器人、堆堆機器人、六軸機器人等一系列智慧物流機器人將會協同配合，透過後台的人工智慧演算法來指導生產，讓整個工作流程有條不紊地進行，從而大幅提升倉儲營運的效率。

# 第七章
## 人工智慧與「中國智造」

# 中國經濟發展的新引擎

隨著科學技術的發展，人類歷史已經走過了許多不同的時代，而如果為我們現在的時代尋找一個新的標籤的話，「人工智慧」是再適合不過的了。仔細算來，人類從網際網路時代走入移動網際網路時代的時間並不算長，而從移動網際網路時代到人工智慧時代這一過程則更為短暫。這正是科技進步的巨大魅力，科學技術的飛速發展縮短了人類歷史變革的時間，同時也為人類生活帶來的顛覆性的鉅變。

關於在人工智慧時代之中，人類生活將會發生的改變，我們在前面的章節之中已經進行過介紹。相比於網際網路時代帶給人類的改變，人工智慧時代帶給人類的改變顯然要更加深刻，或者說更像是一場革命。它不僅改變了人類的生活方式和習慣，同時也將改變人類的思考模式和行為方法，也正是透過這種方式，在人工智慧時代之中，人類的生活質量和生產效率才會出現大幅度的提高。

不僅是對個人生活的影響，其實在宏觀方面，人工智慧還影響著整個國家的經濟發展方式。對於現階段的中國經濟來說，人工智慧技術的快速發展，將會成為中國經濟轉型的一個強而有力支撐，對於傳統產業的轉型升級也具有著重要的推動作用。事實上，從現在中國經濟的發展趨勢上來看，很可能在未來一段時間之中，人工智慧將會成為拉動中國經濟增長的一個新引擎。

在 2017 年 6 月，全球最大的管理諮詢公司埃森哲發布了最新的研究報告《人工智慧：助力中國經濟增長》，這份報告主要研究了當前人工智慧技術對於中國經濟的影響。埃森哲的報告認為當人工智慧作為一項全新

的生產要素出現時，它將會有潛力為中國經濟帶來巨大的增長機遇。

　　埃森哲的報告還指出，到了 2035 年，中國的年經濟增長率將會在人工智慧的驅動下，從 6.3% 加速到 7.9%，也就是說人工智慧將會推動中國經濟增長率提高 1.6 個百分點。埃森哲大中華區主席莊全娘認為：「中國已經在人工智慧領域取得了巨大的進展。我們的研究顯示，人工智慧將會有潛力提振中國當前放緩的經濟增長。當然，與任何推動變革的技術一樣，我們應當正視人工智慧所帶來的挑戰和風險。」

　　而在人工智慧將會透過何種方式來促進中國經濟的增長這個問題上，埃森哲的報告提出了三種不同的方式。

　　首先，人工智慧技術創造了一種虛擬的勞動力，從而能夠幫助人類去解決一些複雜的、或是需要較高精準度的工作。這種智慧自動化的解決方案不僅能夠提高工作的完成度，同時還能夠降低工作的完成成本。

　　其次，人工智慧能夠對現有的勞動力和實物資產進行有力的補充和提升。可以說，從工作的效率上來看，人工智慧顯然要比人類高出許多，而且在很多情況下，人工智慧可以更好的輔助人類完成工作，在提高工作效率的同時，也能提升員工的能力。

　　最後，人工智慧的普及將會推動許多行業的創新發展。人工智慧技術將會變革許多傳統產業，不僅僅是提高其生產效率，更多的，人工智慧將會徹底變革傳統產業的發展模式，從而為傳統產業創造出一種新的經濟增長通路。

　　正是透過這三種方式，埃森哲認為人工智慧將會為中國的經濟發展帶來新的增長潛力，同時人工智慧也將會對中國許多傳統行業帶來顯著的影響。其中製造業、農林漁業和批發零售業將會成為在人工智慧技術應用中獲益最多的三個行業。

正如埃森哲報告分析的一樣，人工智慧技術的發展確實能夠為中國經濟的發展帶來一個新的發展空間。從改革開放到現在，中國經濟始終保持著一個很高的增長速度，但是在近幾年，由於人口紅利和資本紅利的作用開始減退，中國經濟已經進入了一個緩慢增長的階段。舊有的經濟發展引擎已經很難再帶領中國經濟快速增長，所以尋找新的經濟增長引擎成為政府發展經濟的一個關鍵舉措。

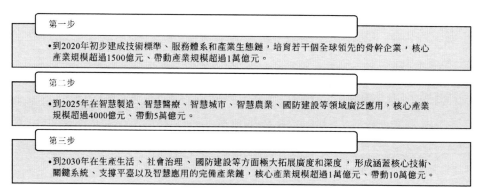

人工智慧發展「三步走」戰略

我們可以看到近幾年政府在進行供給側改革，優化調整產業結構，這些舉措都是為了保證經濟增長的穩定。而在促進經濟持續增長方面，人工智慧技術則成為了一個新的重要選擇。從 2014 年起，中國政府便陸續發表了一系列促進經濟發展的政策規劃，「十三五計劃」、「中國製造2025」、「機器人產業發展規劃」、「『網際網路＋』人工智慧三年行動實施方案」等，在這裡我們可以發現，人工智慧技術的發展已經被放在了優先順序的地位。

2017 年 7 月 8 日，《新一代人工智慧發展規劃》制定並印發實施。這是中國第一個國家層面人工智慧發展的中長期規劃，是搶抓人工智慧發展的重大策略機遇，構築中國人工智慧的先發優勢，從而加快建設創新型國

家和世界科技強國的一項重要規劃。同時這也是中國政府將人工智慧順應歷史發展趨勢，將人工智慧作為經濟轉型升級驅動力的一個重要舉措。

《規劃》首先分析了人工智慧發展進入了一個新階段，同時也強調了人工智慧技術在國際競爭之中的重要性。《規劃》還在另一方面指出了人工智慧將會對中國經濟和社會建設帶來的新機遇，同時也認識到中國人工智慧技術發展水準的不完善，以及人工智慧在未來發展之中存在的一些不確定性。

在《規劃》中重點提及了人工智慧成為中國經濟發展新引擎。《規劃》指出「人工智慧作為新一輪產業變革的核心驅動力，將進一步釋放歷次科技革命和產業變革積蓄的巨大能量，並創造新的強大引擎。重構生產、分配、交換、消費等經濟活動各環節，形成從宏觀到微觀各領域的智慧化新需求，催生新技術、新產品、新產業、新業態、新模式，引發經濟結構重大變革，深刻改變人類生產生活方式和思維模式，實現社會生產力的整體躍升。」

在現階段，中國的經濟發展已經進入了新常態，深化供給側結構性改革的任務非常艱鉅，其中的困難也是難以想像的。而只有藉助人工智慧的力量，加快人工智慧技術的深度應用，才能進一步推動經濟的持續穩定增長。只有將人工智慧技術與傳統產業相結合，變革出更加強大的人工智慧產業，才能為中國經濟的發展注入新的發展動能。

# 人工智慧助力「中國智造」

2017 年 7 月 8 日，中國國務院印發了《新一代人工智慧發展規劃》，從而提出了中國新一代人工智慧的發展規劃，這也使人工智慧正式成為國家級策略。科學技術的第一生產力，這一論斷已經在過去的幾百年間得到了證實，而到了現在，這句話依然顯現擁有著強大的動力，因為人工智慧時代的到來，將會進一步證明它的準確性。

人工智慧將會為人類帶來一個新的時代？在討論這個問題之前，我們不妨回憶一下曾經走過的那些時代。

從生產力發展的角度來看，最初人類社會在手工業發展初期，人力成為了最為主要的生產力，在這一時期，誰的手工技術更高，誰的生產效率就會更高，所以人成為了經濟發展的決定力量。而到了工業革命時代，機器和工廠出現之後，人的作用開始弱化，機器生產成為促進經濟發展的重要力量。

到了網際網路時代時，機器生產開始越來越依靠技術的進步，生產的自動化程度成為了決定經濟發展程度的一個重要因素。機器可以自動化生產，人的作用相對於上一個時代進一步減弱。隨著人工智慧技術逐漸被應用於工業生產之中，一種新的有別於自動化的生產方式開始出現，這就是智慧化。機器智慧化、生產智慧化，讓人類的作用進一步減弱，生產效率卻得到顯著提升。

人工智慧確實能夠帶來一個新的時代，這個時代是一個智慧化的時代，很多先進的科技將會產生，整個社會都將會煥然一新。對於中國來說，人工智慧是一個重大的發展機遇，同時也是讓中國經濟實現二段騰飛

的一個重要推動力量。為此，政府已經發表了一系列政策，來支持人工智慧的發展，從而促進傳統產業的轉型升級。而在眾多傳統產業之中，製造業則首當其衝的成為人工智慧技術的主要應用領域。

近幾年來，中國的製造業始終保持著快速發展的趨勢，同時也形成了門類齊全、獨立完整的產業體系。正是隨著製造業實力的不斷增強，中國的經濟發展和綜合國力也不斷增強。雖然中國的製造業取得了較大發展，但相比於世界先進水準，還存在著較大的差距。在自主創新能力，產業結構水準、資訊化程度和資源利用效率方面更是差距明顯，所以轉型升級實現進一步發展成為了中國製造業發展面臨的一個重要問題。

而在現階段，科學技術革命正洶湧而至，人工智慧技術將為中國的製造業發展提供新的動力。而人工智慧技術也被認為是從中國製造走向「中國智造」的一個重要推動力量。「中國智造」是中國加快推進產業結構調整，適應需求結構變化趨勢，完善現代產業體系，積極推進傳統產業技術

改造，加快發展策略性新興產業，提升「中國智造」水準，從而全面提升產業技術水準和國際競爭力的一項重要發展策略。

近年來，在《中國製造2025》行動綱領的引導下，作為智慧製造基礎設施的工業網際網路和智慧工廠已經初具雛形，這也為廣大中小型製造企業提供了智慧孵化的平台。現階段，中國已經擁有超過460萬家製造業企業，而在未來，這之中的很多企業都會轉向智慧化的生產模式，從而促進中國製造業整體走向自動化、智慧化的軌道之中。

在這個過程中，製造業與人工智慧企業合作發展成為了製造業轉型升級的一個典型舉措。百度公司董事長兼執行長李彥宏認為「當人工智慧時代到來的時候，物聯網就會變成一個很大的市場，它會徹底地改變我們的製造業。」前面我們介紹過物聯網的相關內容，所以從李彥宏的話中我們可以知道，人工智慧將會完成製造業的改造。而在具體的應用階段，百度公司依靠自身的人工智慧技術與傳統的製造企業展開了合作。

百度公司與陝西省政府和寶鋼在鋼鐵和煤炭領域展開了一系列的合作。主要是利用人工智慧技術來檢測鋼板的質量和提高煤礦安全性。透過人工智慧技術，不僅大大節省了傳統的人力成本，同時由於檢測結果精確性的提高，還使得鋼材的生產質量得到很大的增長。

對於傳統製造業來說，產能過剩、成本過高始終是難以解決的問題，同時也是中國供給側改革中的主要困難。而人工智慧技術在產能過剩行業的應用，將會在相當程度降低企業的生產成本，提高產品生產的效率，從而在保證產量的同時，促進產品質量的提高。

中國作為一個製造業大國，但距離製造業強國還有著一定的距離。想要縮短這一距離，就要像《中國製造2025》中要求的那樣，堅持「創新驅動、質量為先、綠色發展、結構優化、人才為本」的基本方針，堅持「市

場主導、政府引導；立足當前、著眼長遠；整體推進、重點突破；自主發展、開放合作」的基本原則，大力發展人工智慧，將人工智慧技術引入到製造業之中，構建完善的物聯網體系，從而提高製造業的整體水準，最終透過「三步走」實現製造強國的策略目標。

# 百度：定位人工智慧公司

提到百度，絕大多數人的第一印象會是「百度一下，你就知道」，百度作為一個搜尋引擎公司的概念已經深入人心。但是在最近幾年，百度在人們心中的形象可能會發生一些改變。在近幾年中，百度公司似乎從自己原有的發展軌跡上面「跑偏」了，作為一個依靠搜尋引擎起家的網際網路公司，現在竟然開始「玩起」了人工智慧。但對於百度董事長及執行長李彥宏來說，百度的發展並沒有「跑偏」，百度公司也並沒有打算「玩玩」人工智慧，因為現在百度公司的定位就是人工智慧公司。

2017 年 5 月 4 日，李彥宏在一份給員工的內部公開信中，將百度公司的使命從「讓人們最平等便捷地獲取資訊找到所求」拓展成了「用科技讓複雜的世界更簡單」。李彥宏認為要完成這樣的使命，就需要藉助人工智慧等創新科技的力量化繁為簡，喚醒萬物！面對人工智慧浪潮的洶湧而至，李彥宏人為百度將會騎鯨蹈海、御風而上，從全球最大的中文搜尋引擎，徹底轉型成為全球領先的人工智慧科技公司。

選擇在五四青年節這一天發表這樣一篇內部信，並不是李彥宏的一時

之意。對於百度公司轉型的這盤棋，李彥宏其實已經布局了很久。已經成立了 17 年的百度公司，已經從懵懂少年長成了一個英俊的青年，現在李彥宏為「他」制定好了下一個目標，在未來的一段時間，「他」將會朝著人工智慧的藍海揚帆遠航。

百度的人工智慧之路最早可以追溯到 2013 年，這一年也是百度人工智慧從規劃到落地的第一年。在這一年中，百度成立了深度學習研究院，這也讓百度成為了第一個把深度學習提到核心技術創新地位的公司。在深度學習研究院成立幾個月後，百度還在美國加州的庫比蒂諾建立了人工智慧實驗室「深度學習研究中心」。但在這一年中，百度的兩個研究所並沒有進行具體的深度學習研究，因為百度還缺少一個發展人工智慧技術的關鍵因素，那就是人才。

在前一年的基礎之上，在 2014 年開始在人工智慧領域廣納賢才、大膽試水。可以說這一年是百度公司人工智慧研究真正的開局之年，不僅進行了底層基礎技術的研究，同時還推出了多款智慧產品。

在吸引人才方面，百度在年初便推出了「少帥計劃」，為優秀的人工智慧人才提供了高額的薪資，以及極具前景的培養晉升機制。同時，世界頂級人工智慧專家吳恩達成為百度首席科學家，全面領導百度的人工智慧研究。在廣納賢才的同時，百度在這一年還開始涉足自動駕駛領域，發布了整合大數據、百度地圖 LBS 的智慧商業平台，從而為各行業提供大數據解決方案。在年底，百度發布了深度語音系統 Deep Speech，從而大大提高了語音辨識的準確率。

相比於 2014 年的高歌猛進，在 2015 年百度的人工智慧發展速度有所減緩。為此百度公司也砍掉了一部分產品線，放慢了新產品的發布速度，從而將主要的精力放在了幾個重要的核心領域之中。

在這一年百度推出了智慧機器人助理「度祕」，同時還推出了新一代的深度語音辨識系統 Deep Speech2，由於新一代的深度語音辨識系統能夠透過單一的學習算準確地辨識出英語和漢語，而被 MIT 科技評論評選為「2016 年十大突破技術」之一。在年底時，百度成立了自動駕駛汽車事業部。經過一年多的研發，百度無人駕駛汽車實現了國內首次在城市、環路及高速道路混合路況下的自動駕駛。

到了 2016 年，人工智慧的發展開始出現熱潮，這也讓百度公司在人工智慧的發展之路上，一下子多了許多競爭對手。除了國外的一些大的網際網路公司入局人工智慧領域之外，國內各大公司也先後進入到人工智慧領域之中。雖然百度公司已經擁有了三年的人工智慧研發累積，但其他公司透過大量收購初創的人工智慧公司，不斷縮小著與百度的差距。為了能夠進一步提高自身的競爭力，百度在這一年也開始投資收購的路線。

在這一年，百度投資了金融科技公司 ZestFinance，這是一家將機器學習和大數據分析相結合，從而為客戶提供精確信用評分的金融科技公司。ZestFinance 公司的技術能夠幫助百度判斷使用者的信用，從而做出更加精確的信用決策。同時百度還投資了鐳射雷達公司 Velodyne LiDAR，投資這家公司主要為了能夠降低百度自動駕駛汽車的製造成本。如果能夠在鐳射雷達的供應鏈環節獲得一定的控制權，這對於百度自動駕駛汽車來說，將會是一個具有重大意義的舉措。

在 2016 年百度世界大會上，李彥宏展示了百度在人工智慧領域的最新成果「百度大腦」。「百度大腦」是透過電腦技術模擬人腦，從而使其計算能力可以達到孩子的智力水準。隨著技術的進一步發展，硬體成本的降低將對計算能力帶來極大的提升，電腦的計算水準將越來越接近人腦的能力。

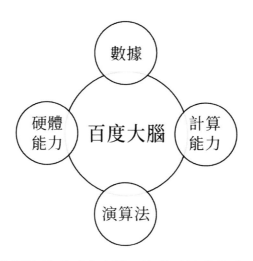

人工智慧的演算法是「百度大腦」的重要組成部分。百度透過模擬人體的神經元組成脈絡，創造出了一種屬於人工智慧的超大規模的神經網路，同時透過兆級的引數、千億級的樣本和特徵，對人工智慧進行訓練，這是構成「百度大腦」的主要演算法。

計算能力是「百度大腦」的另一個重要組成部分，百度透過數十萬台伺服器來進行計算，同時將 GPU 引入到了人工智慧領域，透過深度學習技術的計算，可以使 1 塊 GPU 達到 100 塊 CPU 的計算能力。

數據是也是「百度大腦」的重要組成部分。在數據方面，百度有著得天獨厚的優勢，擁有著數以百億級數據，對於「百度大腦」來說是非常重要的。而依靠著這些重要的組成部分，「百度大腦」在語音辨識、圖像辨識、語音合成和使用者畫像方面的能力也已經發展成熟，並開始進入了實際應用階段。

在 2017 年國際消費類電子展上，百度發布了具有劃時代意義的對話式人工智慧作業系統 DuerOS。DuerOS 的核心理念是「喚醒萬物」，也就是讓裝置聽懂使用者說話、懂得使用者的需求。為了能夠更好的展現這一

功能，百度已經全資收購了西雅圖創企 KITT AI，這間公司同時也獲得了 Alexa（亞馬遜）和 AI2（微軟）的投資，其旗下擁有的 Snowboy 平台能夠快速訓練喚醒詞，至今已經累積了一萬兩千名開發者使用者，成為了全美最大的喚醒詞社群。

同時 DuerOS 平台還為開發者提供軟／硬體套件，從而讓使用者搭建自己的對話裝置。而除了開發者套件之外，DuerOS 面對廠商也推出了一個簡便的解決方案，只需要更改幾行程式碼，就可以讓一個原本搭在了 Alexa 的裝置，變成一個相容 DuerOS 的裝置。作為一款開放式的作業系統，DuerOS 還可以廣泛支持手機、電視、冰箱、汽車等多種硬體裝置，同時也支持第三方開發者的能力接入。

2017 年 3 月 2 日，「深度學習技術及應用國家工程實驗室」在百度大廈正式揭牌成立。這一國家級實驗室由網際網路公司百度牽頭，彙集了包括清華大學、北京航空航天大學、中國資訊通訊研究院和中國電子技術標準化研究院等多家高等院校和研究機構。可以說這是中國最高水準的人工智慧技術研究實驗室。除了繼續增加對人工智慧基礎設施建設的投入，百度公司也更新了自己的管理隊伍。

雖然在 2017 年，百度在人工智慧研究方面的幾位重要研究人員相繼離職，對於百度的人工智慧研究造成了一定的影響。但前微軟全球執行總裁陸奇的加盟可以說穩定住了百度的發展局勢。作為一位經驗豐富的管理者，陸奇將主要負責百度的產品、技術、銷售及市場營運，百度現有的業務群組及負責人都將直接向陸奇彙報工作，陸奇則將直接向李彥宏彙報。

李彥宏給予了陸奇絕對的權力，而陸奇也透過一系列改革，讓百度在人工智慧的大路上繼續前進。在 2017 年 4 月的上海車展上，陸奇帶領百度智慧駕駛事業群組亮相併公布了百度的「Apollo」計劃。在這一計劃之

中，百度將為汽車行業和自動駕駛領域的合作夥伴提供一個開放、完整、安全的軟體服務平台。

而在 2017 年 7 月的百度 AI 大會上，百度正式對外開發 Apollo1.0。到 2017 年 7 月為止，百度已經開放了 Apollo 平台在封閉場景下的自動駕駛能力，而在隨後的幾個月之中，百度還將會開放固定車道自動駕駛，到了年底時分，百度還將會提供簡單城市道路的自動駕駛能力。2018 年在繼續開放特定區域告訴高速和城市道路自動駕駛，最後預計在 2020 年前，將會實現完全的自動駕駛。

在移動網際網路時代開始時，百度沒有在第一時間抓住發展的機會，現在人工智慧時代即將到來，百度成為了中國在人工智慧領域的一個領航者。對於李彥宏來說，將百度的人工智慧轉向將會是一次意義深遠的改變，而未來的百度究竟能否成功，至少從現在來看，從人工智慧的角度來看，前途是十分光明的。

# 阿里：人工智慧的「掃地僧」

在中國網際網路企業之中，阿里巴巴可以說是最引人關注的存在。不僅因為它成為了中國網際網路商業史上的一個奇蹟，同時也因為它的創始人身上所具有的那種魅力。馬雲確實是個有魅力的人，同時馬雲也是一個高調的人，正是他的這種特質，讓阿里巴巴也成為了中國網際網路企業之中較為高調的一個。

　　阿里巴巴的每一個舉動都將會在市場上掀起一陣熱議，「傳承久遠」的「雙十一光棍節」在阿里巴巴的手中變成了全民狂歡的購物節。除了「造節」之外，在很多方面，阿里巴巴都表現出了自己強勢的一面。但近幾年，在人工智慧的研發領域，卻很少聽到阿里巴巴的聲音。難道是馬雲沒有發現人工智慧技術的遠大前景嗎？其實不然，只不過面對人工智慧，阿里巴巴低調了起來。

　　在中國的網際網路公司之中，百度是在人工智慧研究領域最為活躍的企業，而阿里巴巴則一改在其他領域之中高調行事的作風，開始變得低調起來。但低調並不代表不做事，事實上，馬雲和阿里巴巴早就已經開始了在人工智慧領域的布局，並且已經取得了不少的成就。馬雲將布局人工智慧領域看做了一盤棋，只不過這一次他放棄了先聲奪人的策略。

　　之所以會放棄先聲奪人的策略，主要是由於相比於世界上其他網際網路公司，阿里巴巴在人工智慧方面的起步較晚，所以在產品還沒有完全成熟階段，採取了這樣的策略。同時也是為了避免被媒體過早的將它與 Facebook、Google、百度等公司進行對比，阿里巴巴的人工智慧產品更多的以雲端服務產品來命名。這也是外界對於阿里巴巴人工智慧發展所知不多的一個原因，但自 2015 年之後，阿里巴巴在人工智慧的研發方面卻開始變得高調起來，原本的雲端服務產品，也正式成為了人工智慧產品。

　　在 2015 年，阿里巴巴在人工智慧領域採取了許多舉措，但從實際的效果來看，只有推出 DT PAI 平台相對來說比較具有代表性，其他的措施大多還是在為自己的人工智慧發展布局。

　　2015 年 6 月，阿里巴巴聯合富士康向日本軟銀旗下的機器人公司 SBRH 投資 145 億日元。機器人公司 SBRH 正是前面章節我們提到的能夠

辨識人類情緒的人形機器人 Pepper 的研發公司。而這也是阿里巴巴在機器人研發領域所進行的第一筆投資。

緊接著在 2015 年 7 月，阿里巴巴推出了虛擬購物助理機器人「阿里小蜜」。與 Siri 和 cortana 一樣，「阿里小蜜」更多是用於協助使用者進行購物，主要採用了智慧＋人工的方式，可以透過文字和語音與使用者產生互動。

在 2015 年 9 月，阿里巴巴的智慧機器人客戶進駐支付寶。這些智慧機器人不僅能夠理解使用者的語言，同時還能夠分辨問題的焦點、理解口語化的問題，最主要的是它們能夠在與使用者的互動過程中進行自主學習。在整體的服務效率上面，智慧機器人的服務效率也是人類的數倍之多。

在 2015 年 10 月，應用圖像辨識技術，阿里巴巴推出了「阿里綠網」。它可以透過圖像辨識技術鑑別黃色圖片，其準確率可以達到 99.6% 以上，同時它還可以利用自然語言處理技術提供檢測違規資訊的解決方案。

而在前面提到的視覺化人工智慧平台 DT PAI，則是阿里巴巴在 2015 年的 8 月推出的。這一平台可以供開發者透過簡單拖拽的方式來完成對海量數據的分析與挖掘，同時還能夠對使用者的行為，以及使用者行為的走勢做出預測。這一人工智慧平台可以說集中了當時阿里巴巴的大部分人工智慧技術，不僅整合了其內部的特徵工程、機器學習和深度學習等演算法庫，同時還允許開發者或科學家透過這一平台提交自己的演算法。

可以說，2015 年的阿里巴巴在人工智慧領域更多的是在深度布局，無論是投資機器人公司，還是推出人工智慧機器人客服，或者是推出人工智慧平台。但相比於以往幾年的低調，在 2015 年，阿里巴巴在人工智慧領域的研究已經開始大步向前，而這種趨勢也一直保持到了 2016 年，這一

年可以看做是阿里巴巴在人工智慧領域「大爆發」的一年。

在 2016 年，阿里巴巴一改前幾年的低調作風，再一次找回了屬於自己的行事風格。阿里巴巴不再用「雲端服務」來「裝飾」人工智慧產品，而是直接用人工智慧定位自己的產品。同時在宣傳推廣力度方面，阿里巴巴也拿出了自己「雙十一」宣傳的勢頭，這也讓阿里巴巴的人工智慧產品在這一年中，獲得了極大的關注。

首先在 2016 年的 3 月，阿里巴巴推出了「阿里永珍」。這是一個針對賣家的虛擬助手式問答平台，其中應用人工智慧技術以及眾多數據，幫助賣家解決開店、店鋪裝修、評價修改等問題，同時除了虛擬助手外，阿里永珍還接入了線上人工客服，從而更好的幫助賣家解決遇到的問題。

在 2016 年 4 月，阿里巴巴的人工智慧程式小 Ai 預測出了第四季《我是歌手》不同環節的獲勝者，其中在最終的歌王爭霸環節，小 Ai 還以42% 的勝率預測中總決賽歌王李玟。

除了人工智慧程式外，在 2016 年的 8 月，阿里巴巴還推出了 ET 機器人。處於初級階段的 ET 機器人已經具有了聽、說、看的感知能力，並且能夠透過智慧語音、圖像、影片辨識和情感分析等技術，做出相應的決策。隨著人工智慧技術的不斷成熟，未來 ET 機器人將會在眾多領域之中幫助人類做出準確的決策。

在這一年，阿里巴巴在語音辨識和圖像辨識方面也取得了突出的成績。阿里巴巴的語音產品在語音辨識的準確率上以 0.67% 的優勢戰勝了當時的國際速聯速記大賽全球速記亞軍。而阿里巴巴旗下廣告交易平台阿里媽媽圖像團隊的 OCR 技術則重新整理了 ICDAR Robust Reading 競賽數據集的全球最好成績。

可以看出，2016 年是阿里巴巴發力人工智慧研發的一年，同時也在人

工智慧研究領域取得了較大的成績。而到了 2017 年，已經在人工智慧領域布局多年的阿里巴巴需要好好的整理一下自己的人工智慧發展思路，所以在這一年阿里巴巴推出了自己宏大的「NASA 計劃」。

2017 年 3 月 9 日，阿里巴巴召開首屆技術大會，動員全球兩萬多名科學家和工程師投身於「新技術策略」之中。同時在這次大會之中，阿里巴巴對外公布了自己正在啟動的「NASA 計劃」。「NASA 計劃」的內容主要是面向未來 20 年組建強大的獨立研發部門，同時建立新的機制體制，為服務 20 億人的新經濟體儲備核心技術。

事實上，「NASA 計劃」的啟動不僅是阿里巴巴在人工智慧研發領域的一項重要舉措，這更是阿里巴巴在未來的一項重大發展規劃。對於啟動「NASA 計劃」，馬雲認為：「一個服務 20 億人的經濟體，需要強大的技術實力。我們將建立阿里巴巴的『NASA』，以擔當未來的責任。」

同時對於「NASA 計劃」的展開，他也表示：「面向機器學習、晶片、IoT、作業系統、生物辨識這些核心技術，我們將組建嶄新的團隊，建立新的機制和方法，全力以赴。以前我們的技術跟著業務走，是『兵工廠模式』，但手榴彈造得再好，也造不出導彈來。阿里巴巴必須思考建立導彈的機制，成立新技術研發體系，聚焦核心領域的研究。這些研究的目標是為了解決 10 年、20 年後的困難。」

其實早在「NASA」計劃啟動之前，阿里巴巴便已經成立了許多人工智慧的研發部門。而在「NASA 計劃」啟動之後，阿里巴巴相繼推出了人工智慧實驗室、之江實驗室，以及與高校和國家相關部門合作推出的「大數據系統軟體國家工程實驗室」和「工業大數據應用技術國家工程實驗室」。

資料科學與技術研究院

• 簡稱IDST，阿里最神祕的部門。

阿里人工智慧實驗室

• 阿里的人工智慧研發實驗室，十分低調。

「NASA計畫」達摩院

• 「NASA計畫」的落地機構。

工業大資料應用技術國家工程實驗室

• 阿里雲參與的「工業大資料應用技術國家工程實驗室」獲得批復。

大資料系統軟體國家工程實驗室

• 由清華大學和北京理工大學帶頭，阿里雲做技術支撐。

阿里人工智慧機構

而在 2017 年 10 月 11 日，阿里巴巴董事局主席馬雲宣布將會建立阿里巴巴全球研究院 —— 「達摩院」。為此阿里巴巴計劃在三年內投入 1000 億人民幣，吸引人才，並且在全球各地建立自己的實驗室，主要專注於數據智慧、人與自然互動和智聯網等領域的研究。「達摩院」也是「NASA 計劃」的一個實體組織。

在過去阿里巴巴的發展歷程之中，電子商務始終是它難以磨滅的標籤。但在近幾年中，阿里巴巴正在試圖航向更加廣闊的領域之中，對於人工智慧領域研發投資就是至關重要的舉措。與百度公司一樣，雖然沒有將自己定位為一家人工智慧公司，但阿里巴巴事實上已經駛入了人工智慧這

片藍色海洋之中，直到這時，大多數人才意識到在阿里巴巴身上還有著「科技公司」這個標籤。

隨著人工智慧時代的到來，阿里巴巴身上的人工智慧色彩將會逐步深化。不止是阿里巴巴，任何一個想要在人工智慧時代之中生存的企業，都需要掌握在這一領域之中的「生存法則」。人工智慧是一個風口，但不同於網際網路，人工智慧這場大風暴顯然要更猛烈一些，在這場風暴之中，有的人將會隨風飛翔，有的人則會跌入懸崖。

# 騰訊：人工智慧的「三國時代」

「BAT」作為中國網際網路企業的領先集團，三家公司在主營業務上面存在著很大的區別。百度公司依靠搜尋引擎起家，同時也依靠搜尋業務發展壯大。阿里巴巴從一個小的電子商務平台，逐漸發展成為世界知名的網際網路公司，電子商務是其不可磨滅的生存印記。而騰訊則是始終深耕於社交和遊戲領域之中，雖然進行過不同領域的嘗試，但即使到現在社交和娛樂依然是騰訊成功緻勝的法寶。

這三家公司在具體的業務上面雖然交集眾多，但是在主營業務方面還是有一定的差別。所以大多數人會認為這三家公司能夠發展壯大，主要是由於主營業務的差異，使得他們避免了競爭，而在同領域中有沒有能夠與之抗衡的企業，所以才會形成中國網際網路企業「BAT」三足鼎立的局面。

　　這個觀點雖然存在一定的道理，但卻存在很大的問題。仔細研究三家企業的發展歷史以及發展道路會發現，雖然在主營業務方面有所不同，但在其他的許多業務方面，三家企業是存在著很大的競爭的。就線上支付業務來說，三家企業便「打」的不可開交。

　　事實上，騰訊也曾進行過搜尋引擎方面的嘗試，阿里也在努力向著社交平台方面努力，百度也想要從遊戲領域中開啟局面。但最後的結果往往還是各自企業依靠主營業務戰勝了對手，這種錯位競爭似乎並不能展現出各家企業的真正實力。那麼「BAT」三家企業究竟孰強孰弱呢？我們不去看市場估值，因為現在三家企業站在了同樣一個賽場之中，我們將會在人工智慧這塊賽場中了解到三家企業的真正實力。

　　前面我們介紹了百度和阿里巴巴在人工智慧領域方面的布局，在這一章節之中則來介紹騰訊在人工智慧領域的布局規劃。之所以將騰訊放在最後面，主要是騰訊在這場比賽之中雖然早早的來到了場地之中，但在起跑的時間上，卻比其他對手晚了一些。

　　騰訊董事會主席馬化騰認為：「我們現在越來越感覺到，最終歸根結柢可能還是要透過技術的進步，企業才有可能有保持在策略方面的制高點。否則當一個浪潮趨勢來的時候，有的人能做到，有的人做不到，那就在於你有沒有掌握技術。」正是基於這種思想，騰訊也開始了自己在人工智慧領域的開疆拓土。

　　首先騰訊在大數據方面有著得天獨厚的優勢，這也使得騰訊雖然在人工智慧領域起步較晚，但在基礎方面則相對牢固。2015 年，騰訊與香港科技大學聯手成立 WHAT Lab，主要從事自然語言處理、數據探勘、語音辨識和機器人技術方面的研究。而在 2016 年，騰訊成立了 AI Lab。

　　對於騰訊 AI Lab 的未來發展，騰訊 AI Lab 主任張潼提出了 AI Lab 的

兩個目標。張潼提到：「一是能夠打造世界級的研究能力，我們一定要有
自己的研發能力，一定要有足夠的研究能力，能夠支撐這些行業，這是我
們 AI Lab 的第一定位；二是利用騰訊的場景，把 AI 技術場景落地。我們
也會把我們的能力提供給開放平台上的中小開發者，讓他們有更好的 AI
開發能力。」

　　除了建立自己的研發實驗室，騰訊還投資了很多人工智慧公司，在對
外投資方面，相比於其他公司，騰訊的投入顯然要更多。騰訊投資了 Dif-
fbot、iCarbonX、CloudMedX、Skymind、特斯拉等公司。

　　其中 Diffbot 公司主要透過人工智慧技術，讓「機器」抓取網頁關鍵內
容，並輸出軟體可以直接辨識的結構化數據。iCarbonX 公司則主要定位於
生命大數據、網際網路和人工智慧建立的數字生命系統的研究。而騰訊選
擇投資特斯拉也主要是看重了其在人工智慧方面的技術實力。

　　而在具體的人工智慧產品方面，雖然起步較晚，但騰訊已經在多個方
面取得了突出的成績。在 2017 年「UEC 杯」電腦圍棋大賽在日本東京舉
行，由騰訊 AI Lab 所研發的人工智慧圍棋程式「絕藝」以 11 戰全勝的成
績奪得冠軍，而在「電聖戰」人機圍棋大戰中，絕藝同樣取得了勝利。

　　2017 年 3 月 28 日，騰訊正式發布了深度學習平台 DI-X，而在此之
前，騰訊還在 1 月分推出了 FPGA 雲伺服器。DI-X 基於騰訊雲強大的大
數據儲存和計算能力，是一個集開發、訓練、預測和部署於一體的一站式
深度學習平台，可以應用於圖像辨識、語音辨識、自然語言處理和機器視
覺等領域之中。利用 DI-X 平台，使用者可以將之前在 COS 中儲存的各種
數據，透過 GPU 雲伺服器，輕鬆構建深度學習的各種演算法，從而快速
將自身累積的數據轉化為具有真正商業價值的資源。

　　2017 年 6 月 22 日，騰訊在「雲 + 未來」峰會上發布了人工智慧語音

平台「小微」。據騰訊方面介紹，小微是一套騰訊雲的智慧服務系統，同時也是一個智慧服務開放平台，所有接入小微的硬體都可以快速具備聽覺和視覺的感知能力，從而讓智慧硬體廠商實現語音人機互動和音影片服務的能力。

小微主要由硬體開放平台、Skill 開放平台和服務機器人平台。依靠三大開放平台，小微不僅能夠為開發者提供更多的功能與服務，同時還能夠更好地適應不同的應用場景。而依靠智慧推薦演算法和騰訊的大數據，可以讓小微更具人性，也更具智慧。最主要的是小微可以在不同的硬體裝置之間架起「橋樑」，從而實現各種裝置之間的優勢互補，最終實現互利共贏的局面。

2017 年 8 月 3 日，騰訊推出了自己的 AI 醫學影像產品「騰訊覓影」，利用人工智慧醫學影像技術來輔助一生發現早期食道癌的篩查。除了食管癌的早期篩查外，未來「騰訊覓影」還將會支持早期肺癌、糖尿病性視網膜病變、乳腺癌等其他病種。「騰訊覓影」整合了騰訊內部多個頂尖 AI 團隊，從騰訊的 AILab 到騰訊優圖實驗室，彙集了騰訊最為精銳的人工智慧技術團隊。

在 2017 年 11 月 8 日騰訊全球合作夥伴大會上，騰訊研究院與騰訊開放平台共同發布了《2017 網際網路科技創新白皮書》，並從技術、場景和平台三個角度系統全面的展示了騰訊人工智慧布局的全貌。

騰訊營運長任宇昕將騰訊在人工智慧方面的策略概括為「AI in all」。他表示：「我們希望我們研發的 AI 技術並不是關起門來服務於我們自己的產品，而是希望我們的 AI 技術能夠開放出來，能夠分享給全行業，能夠真正和各行各業實際應用結合在一起，從而讓 AI 新技術能夠得到實際價值的發揮。」

在《白皮書》之中，騰訊將人工智慧的應用場景確定為遊戲、社交和內容三個方面，這也是騰訊自身所擅長的業務領域。馬化騰曾在很多場合之中都強調過騰訊人工智慧研究會將場景應用作為重點。相較於研究，對於騰訊來說，將自身的人工智慧技術落地於這些實際的應用場景才是重要的。

| 遊戲AI | 社交AI | 內容AI |
|---|---|---|
| •騰訊擁有豐富的遊戲場景，同時也有著許多技術能力的累積 | •更加關注對自然語言的理解，在語音辨識、人機互動方面進行研究 | •為不同的使用者提供個性化內容，同時不斷生成更好、更優質的內容 |

騰訊ＡＩ的發展方向

在遊戲場景方面，人工智慧技術將會在遊戲的製造流程、玩家體驗以及電競比賽方面提高遊戲的整體水準。而在社交場景方面，騰訊的下一代社交應用將會是基於人機對話軟硬體一體的。而在內容場景方面，人工智慧技術可以用來進行內容分析、內容理解、內容推薦，從而為使用者提供更加切合實際、更加豐富有趣的內容資源。

同時在這次大會上，騰訊車輛宣布將會面向合作夥伴開放「AI in Car」系統的五大核心功能，從而為使用者打造全方位的智慧車生活。基於智慧語音服務、場景化服務、內容服務、社交服務和營運增值服務這五大人工智慧能力，騰訊「All in Car」系統將會針對互動智慧和服務場景智慧而為汽車企業提供具體全面的解決方案。

在「BAT」三家網際網路公司之中，騰訊對於人工智慧領域的布局雖然相對較晚，但也可以算是最具特色的一家。騰訊在人工智慧領域的布局更多是將人工智慧技術與自身業務相結合，在強化了基礎能力之後，再去逐步透過開放平台分享給合作夥伴。這一方法不僅讓騰訊在人工智慧研發

的道路上少走了很多彎路，同時也讓自身的業務水準得到了很大的提高。可以說，在這一點方面騰訊的表現要更為搶眼一些。

對於人工智慧技術的探索和布局，「BAT」各有不同，但同時又都高度投入，這也使得中國人工智慧領域掀起了一股「AI 熱潮」。事實上，人工智慧不僅在中國掀起了熱潮，在整個世界範圍內，都成為了眾多企業追逐的對象。這也使得原本不溫不火的人工智慧市場，一下子成為了「群雄逐鹿」的狩獵場，全世界的科技公司都希望在這個市場之中，分得屬於自己的一份「戰利品」。

# 第八章
## 人工智慧是一場「群雄逐鹿」的冒險

# 人工智慧浪潮洶湧而至

　　自上世紀八九十年代，電腦產生以來，人類逐漸進入到網際網路時代。在網際網路時代之中，資訊出現了爆炸式的增長，人們的生活方式也得到了很大的改變。而隨著智慧手機的普及，人類對於資訊的獲取從電腦端轉向到了移動端，這同時也催生了不少新的商業模式。而到現在，人工智慧技術在整個世界掀起熱潮，人工智慧企業如雨後春筍一般生生不息，隨著人工智慧技術的普及應用，人類最終也將會進入到人工智慧時代之中。

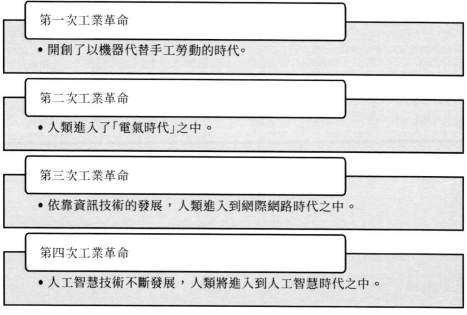

第一次工業革命
- 開創了以機器代替手工勞動的時代。

第二次工業革命
- 人類進入了「電氣時代」之中。

第三次工業革命
- 依靠資訊技術的發展，人類進入到網際網路時代之中。

第四次工業革命
- 人工智慧技術不斷發展，人類將進入到人工智慧時代之中。

技術進步促進社會發展

　　人工智慧技術的應用雖然還沒有對我們的生活方式造成過大的影響，但在很多微小的細節方面，人工智慧技術已經悄悄改變了我們的生活。如果說人工智慧對我們生活的改造並不明顯的話，那麼在商業領域之中，人工智慧可以說是已經成為了未來科技產業發展的一個重點。隨之而來的就是越來越多的企業將會進入到這一領域之中，這一領域也將會成為眾多科技公司「逐鹿」的戰場。

　　而隨著技術研究深度的增加，人工智慧在近幾年中的發展速度也得到了顯著提升。無論是大廠企業，還是人工智慧的初創企業，都在人工智慧的研發上面投入了大量的資金以及經歷。無論是從對於頂尖人工智慧技術人才的選拔，還是對掌握核心人工智慧技術企業的爭奪，都可以看出屬於人工智慧的另一個高潮又要到來了。

　　在最近幾年，世界上排名靠前的幾家科技公司都已經開始在人工智慧領域密集布局。相比於人工智慧的初創企業，這些科技公司在資金和數據資源方面都具有極大的優勢。它們透過鉅額的資金投入，來進行新技術、新專案的研發和探索。而同時它們還透過投資、併購的方式來直接獲得先進的人工智慧技術，從而構建出一個以自己為中心的人工智慧生態圈。

　　在建立自己的人工智慧生態系統時，那些科技大廠往往會採用不斷開源的方式，並且在近幾年中，這種開源的力度開始不斷增加起來。在眾多科技大廠之中，Facebook 可以說是最先走向人工智慧工具開源的社交大廠，很快，Google、IBM 和微軟也都同時宣布開源。

　　Google 發布了機器學習平台 TensorFlow，而 IBM 則宣布透過 Apache 軟體基金會免費為外部程式設計師提供 System ML 人工智慧工具的原始碼。微軟開源了分散式機器學習工具包 DMTK 之後，又推出了開源的 Project Malmo 專案。

　　而對於人工智慧的初創企業來說，在人工智慧技術研發方面，雖然從資金和數據上難以與那些大廠企業去競爭，但在組織的靈活性和技術創造力方面確實並不落下風的。而在人工智慧技術的研究方面，這些企業可以只選擇自己擅長的專業研發領域，從而保證在技術研究方面的額集中度。當然為了能夠取得更好的發展，找到自身與大廠企業之間展開合作交點，同時也要學會盡量避免與大廠公司在業務方面出現的競爭。

　　由於很多科技大廠在人工智慧領域的布局與開源，在現階段，人工智慧的準入門檻已經逐漸降低。隨著人工智慧技術的進一步發展，這一準入門檻將會繼續降低，這也為越來越多的企業進入到人工智慧領域之中降低了難度。但是，這也使得在未來幾年之中，想要在人工智慧領域取得進一步的發展，就需要不斷在專業領域的智慧化應用方面下功夫。

　　其實對於人工智慧企業來說，無論是在專業的領域，還是在通用的領域之中，人工智慧企業在布局時都需要圍繞著基礎層、技術層和應用層三個層次的基本架構。基礎層更多的是提供基礎資源支持，主要是由運算平台和數據工廠所組成。而技術層則主要依據不同類型的演算法來構建模型，從而形成多種有效的可供應用的技術。應用層則主要是利用人工智慧技術為使用者提供具體的服務或者產品。

　　一般來說，那些科技大廠大多會選擇從基礎層開始進行全面多層次的布局。在基礎層布局需要強大的技術和資金實力，科技大廠透過自身的雲端計算平台，可以為人工智慧的研究提供強大的計算能力和數據支持。所以對於許多初創企業來說，這裡往往是可望而不可即的「研究禁區」。

　　而技術層和應用層對於人工智慧的初創企業來說，往往是比較值得布局的方向。隨著科技大廠紛紛開源，使得人工智慧研究在技術難度方面有所降低，這也為人工智慧初創企業提供了一個良好的機遇。而在應用層之

中，人工智慧企業透過獨具特色的產品經營模式，也很可能在強手如雲的人工智慧市場之中，尋找到屬於自己的一片天地。

除了企業間在人工智慧領域的競爭與合作外，世界上的一些主要國家也紛紛將人工智慧的發展確定為國家級的發展策略。

同時，世界主要先進國家也紛紛發表了本國的人工智慧發展規劃。美國發布了《為人工智慧未來做準備》、《人工智慧研究開發策略規劃》等多份策略性檔案。日本政府也退出了《下一代人工智慧促進策略》、《人工智慧發展路線圖》，並提出了構建「超級智慧社會 5.0」的未來社會構想。英國政府則發布了《人工智慧：未來決策制定的機遇與影響》的報告，希望依靠人工智慧技術來促進本國經濟的發展。

人工智慧這場巨浪已經翻滾了 60 個年頭，在這個過程之中，有低谷也有高潮。現在，人工智慧再一次在全世界範圍內掀起了巨浪，從現在的發展趨勢來看，人類社會將會在這次浪潮之中發生一定的改變。當然面對人工智慧，人類還並不需要「諾亞方舟」，人類需要的是抓住這次機遇，讓自己的生活變得更加美好。

# IBM：人工智慧的方向在哪

在人工智慧研發領域，IBM 與 Google 是兩家不得不提的公司，而且不僅不得不提，還一定要放在一起提才行。作為同樣兩家在人工智慧領域不斷開疆拓土的科技大廠，從競爭的角度來說，放在在一起可以更好的觀

察其前進路線和策略規劃的異同。而在另一方面，透過 IBM 與 Google 在人工智慧研究領域的對比，我們還能更好的了解人工智慧在未來的兩種不同的發展方向。

在人工智慧研發的道路上，IBM 和 Google 走了兩條並不相同的道路，或者說，在人工智慧研究的道路上，IBM 和 Google 走向了兩條並不相同的道路。這一點可以用 IBM Watson 總經理 David Kenny 在接受採訪時的一段話來解釋，他說：「我們的論點與另外三大人工智慧企業有所不同，這方面爭論很大。我們是否應該以面向消費者的方式來塑造 Watson 的品牌形象？如果您認為人工智慧將朝著人工智慧作業系統的方向發展，那就可以朝這個方向努力。但我們不這麼認為。」

事實上，IBM 確實沒有像其他科技大廠一樣，IBM 確實沒有讓自己的人工智慧朝著作業系統的方向發展。用 David Kenny 的話來說：「在與 Watson 的大多數互動中，終端使用者都看不到 Watson。他們只會認為自己在與一家銀行、保險公司、律師或醫生對話。Watson 主要負責延伸企業使用者的個性，所以這更像是一個『白標籤』。我們之所以探討增強智慧，而不是人工智慧，是因為我們的很多工作是增強企業各種措施的效果。」

想要了解 David Kenny 的這番話，我們需要首先全面了解一下 IBM 在人工智慧方面所進行的探索。提到「Watson」可能大多數人會想到智力競賽節目《危險邊緣》，沒錯，這正是在那個節目之中擊敗了人類選手，從而在人機交戰史上，再次為智慧機器奪得一分的「Watson」。正當人們以為「Watson」將會繼續學習擊敗更多的人類時，IBM 公司卻改變了「Watson」的角色定位，從而讓「Watson」向著更加全能的方向發展下去。

IBM 公司對於人工智慧的探索可以說跨越了漫長的歷史，無論是上世紀 80 年代的專家系統，還是 1997 年擊敗西洋棋冠軍卡斯帕羅夫的「深

藍」，又或者是曾經戰勝人類選手的「Watson」，這些都是 IBM 公司在人工智慧領域的探索。而在現階段，IBM 依然在對「Watson」進行研究，但在定位上，「Watson」已經成為了 IBM 公司的一個核心的人工智慧平台。

在現階段，IBM 不再將「Watson」看做是一個獨立的研究專案，現階段的 IBM 在人工智慧領域的布局主要圍繞「Watson」和類腦晶片，從而打造一個完整的人工智慧生態系統。正如前面所提到的一樣，IBM 在不斷豐富「Watson」的功能，或者說將其功能分為幾個不同的部分，從而依靠這些不同的功能去解決不同領域的商業問題。

在前面的章節之中，我們介紹過「Watson」主要依靠強大的數據學習能力，能夠從複雜的數據資訊之中尋找到有用的資訊，並且依靠龐大的數據資訊，從而提高自身的能力。在計算能力大幅提升的同時，「Watson」的深度學習能力也在不斷提升，這讓它能夠廣泛涉獵各種不同行業之中的數據資訊和知識文化，從而更好的在不同行業之中，施展自己的能力。

IBM 公司將「Watson」的第一次商業應用定位在了醫療領域之中，IBM 公司與幾年斯隆·凱特林癌症中心進行合作，共同訓練 IBM Watson 腫瘤解決方案。在這個過程中，一支由醫生和研究人員組成的隊伍向「Watson」的系統數據庫之中上傳了數千份病例、近 500 份醫學期刊和教科書，1500 頁的醫學文獻。透過對這些數據資訊的學習，「Watson」逐漸變成了一位傑出的「腫瘤醫學專家」。

| 分析患者醫療紀錄 | 提供治療方案選項 | 方案排序 |
|---|---|---|
| •分析醫療記錄（包括結構化資料和非結構化數據） | •透過分析各種醫療資料為每一位患者提供幾種治療方案，醫生可以在方案中進行挑選 | •給各種治療方案排序，並注明其醫學證據 |

「Watson」治療癌症的過程

　　在此基礎之上，「Watson」一步步開始了自己在醫療領域的商業化之路。「Watson」可以為肺癌、乳腺癌、直腸癌、結腸癌、胃癌和宮頸癌等6種癌症提供諮詢服務，而在2017年這種諮詢服務的範圍將會涉及到更多的腫瘤類型。「Watson」會在醫生完成病人基本資訊和癌症類型、治療情況的輸入之後，快速回饋多條治療建議，從而更好的發揮其輔助治療的作用。

　　除了進行癌症的輔助治療之外，IBM還聯合MIT和哈佛，探索癌症的基因突變原理以及因此而產生出的抗藥性。IBM將利用人工智慧平台「Watson」研究對癌症藥物產生抗藥性的病例，希望能夠分析出這些癌症病例產生抗藥性的原因，從而研製出新的抗癌藥物以及抗癌療法。

　　「Watson」在醫療領域的商業應用並不僅僅局限在癌症的輔助治療和藥物研發方面，對於一些慢性病監測，「Watson」也進行了許多不同的嘗試。2016年1月，IBM與美敦力合作推出了一款糖尿病監測APP，而在同年6月，IBM醫學數據分析部門又與美國糖尿病協會達成合作，透過打造一系列的數字工具，來幫助人們預防、鑑別和治療糖尿病。

　　在人工智慧技術應用的基礎之上，「Watson」的商業應用還涉及到了醫療影像、體外檢測、精準預料、醫療機器人等多個不同的醫療領域。對於IBM公司來說，讓「Watson」更多的接觸到不同的醫療數據，從而更好的掌握不同領域的醫療知識，最終更好的服務於整個醫療行業，這將成為「Watson」商業化的一個重要組成部分。

　　除了在醫療領域的商業化應用之外，「Watson」還被廣泛應用於教育、保險和氣象等不同的商業領域之中。僅在中國IBM便進行了許多這些商業化的嘗試，在教育領域，IBM為上海世外教育集團下屬的上海、杭州、寧波等地區的世界外國語中、小學打造了基於IBM人工智慧的「兒

童英語口語辨識及評價系統」。而在金融方面，2016 年於興業銀行簽署的 Watson 產品專案，不僅提高了銀行服務客戶的效率，同時也讓銀行發現了更多潛在的市場需求。

在人工智慧的研發方面，IBM 並沒有像其他企業那樣高調，雖然在人工智慧的研究領域，IBM 有著更深的「資歷」。相比於其他投入人工智慧研究的科技大廠來說，IBM 所走的又是一條截然不同的道路，這從 IBM 始終強調「Watson」是為商業而生的人工智慧平台之中也可以看出。

正當別的科技大廠希望用人工智慧技術改變我們的社會生活時，IBM 想到的是用人工智慧改變我們的商業生活。我們沒有辦法去區別這條不同的人工智慧研發道路的優劣，但不可否認的是，無論最後哪條道路走到了終點，我們的生活都會發生翻天覆地的變化。到最後，我們會發現，原來雖然道路不同，但它們卻都指向了「讓人類生活得更好」這一終點。

# Google：強大的人工智慧大廠

對於 Google 公司，可能不同的人對它會有不同的印象。從最初的搜尋引擎開始，Google 推出了 Gmail，推出了廣告業務，推出了全球流行的智慧手機作業系統 Android 系統，同時還推出了自己的手機品牌，自己的平板電腦和自己的家用音響。想要從這些內容之中，為 Google 總結出一個更為貼切的企業定位可並不容易。

所以外界更多的會將 Google 成為科技大廠，雖然看上去這個評價很

貼切，但實際上我們還是不能從這個定位中了解到 Google 究竟是做什麼的。但在最近幾年之中，人們越來越看能夠清楚 Google 了，因為「多才多藝」的它難得「專一」了起來。現在在評價 Google 公司時，說它是一家人工智慧公司，相信應該是沒有人會反對的。

Google 的 CEO 桑達爾·皮柴認為 Google 一直在做自己最擅長的事情，始終在用最前沿的計算技術去解決世界上最為複雜的問題，而那些最為複雜的問題就是影響人們日常生活的問題。所以對於 Google 來說，利用先進技術改變人們的日常生活，是 Google 擅長並且願意去做的事情。

對於大多數人來說，談到 Google 公司的人工智慧，可能最先想到的就是 AlphaGo，然後可能會想到無人駕駛汽車，剩下的對於大多數人來說可能就顯得陌生了。但實際上，在投入人工智慧技術研發之後，Google 公司的絕大多數產品背後都出現了人工智慧技術的身影。

在 Google 搜尋之中，現階段使用者不僅可以依靠文字進行搜尋，同時還能夠用語音和圖片進行搜尋，無論使用哪一種搜尋方式，使用者都能夠獲得更加準確的回答。同時在 Google 的 Photos 之中，使用者上傳的照片將會透過圖像辨識技術和人臉檢測功能進行自動分類，並且免費儲存在雲端之中。Google 的電子郵件系統之中，也增添了相應的自動辨識和處理垃圾郵件的功能，從而大大節省了使用者的時間。

事實上，之所以能夠將人工智慧技術應用到自己的全部產品之中，主要是因為 Google 將公司內部開發和採用的機器學習技術整理到了一起。從而推出了一個包括很多深度學習技術、功能和範例的框架，而這個框架可以被用於 Google 幾乎所有的產品。Google 公司將這個框架命名為 TensorFlow。

在介紹 TensorFlow 之前，我們首先去了解一下 Google 在人工智慧研

究方面的發展軌跡。在依靠 Android 系統在移動時代占據市場主導地位之後，Google 公司並沒有完全將未來的發展希望寄託在 Android 系統之上，而是在不斷尋找新的發展助力。幸運的是 Google 從 2006 年開始發展的深度學習理論之中尋找到了未來發展的可能。

在 2010 年，史丹佛大學副教授吳恩達作為人工智慧領域的頂尖專家加入到 Google 的 X 實驗室之中，同時與其他專家組成了 Google Brain 團隊。在 2011 年推出樂第一代深度學習底層架構 DistBelief。而經過了三年時間的不斷深化研究，Google 在 2015 年 11 月，發布了第二代深度學習結構渠道，也就是 TensorFlow，並且進行了開源。至此，可以說 Google 在人工智慧的開發方面已經占據了絕對的先發優勢，在此之後，微軟、Fackbook 和 IBM 也相繼推出了自己的開源深度學習結構渠道。

事實上，Google 公司在人工智慧研發方面之所以能夠取得領先，在相當程度上得益於其不斷收購優秀的人工智慧公司，不斷引進傑出的人工智慧人才。在 2013 年 3 月，Google 收購了創業公司 DNNreserch，同時引進了「深度學習之父」格里高利·辛頓。而在 2014 年初，Google 又以 4 億美元收購了深度學習演算法公司 DeepMind，在 7 月，Google 以 DeepMind 為主體又與牛津大學的兩支人工智慧研究隊伍建立了合作關係。

DeepMind 最傑出的成就便是 AlphaGo，從最初擊敗韓國選手李世乭，到擊敗世界冠軍柯潔，AlphaGo 依然在不斷升級進化。每一代 AlphaGo 都在能力水準上得到了「質」一樣的提升，這樣的學習速度是人類現階段所不能及的。而正是 AlphaGo 在圍棋之中戰勝人類，才讓人工智慧再一次成為整個世界關注的一個焦點，可以說在相當程度上推動了人工智慧的普及和發展。

在人工智慧的應用方面，Google 在 2011 年收購了 510 Systems 和 An-thony』s Robots 兩家公司。510 Systems 可以說是 Google 無人駕駛汽車專案的鼻祖，而 Google 研發的無人駕駛汽車也是在 510 Systems 研發的 Pri-bot 基礎上改裝而成。在 2014 年 7 月，Google 完成了自動駕駛行業首次進行的規模化城市道路測試。而在 2016 年 2 月分，在美國，無人駕駛汽車的 AI 系統可以被認為是司機。這也為未來無人駕駛汽車的成功「上路」，提供了有利的條件。

另外，在 2014 年 1 月，Google 收購了智慧家居製作商 Nest，這是一家主要提供智慧恆溫器和智慧煙霧探測器的企業，擁有超過 100 多項專利，同時還有數百項專利在美國專利局備案或是正在準備備案階段。而同年，Google 又相繼收購了家庭監控公司 Dropcam，以及智慧家居中樞控制裝置公司 Revolv。Google 正在不斷完善自己在智慧家居領域的布局，從而使自己在智慧家居領域取得同樣的先發優勢。

2016 年 9 月，Google 的研究人員發布了在神經網路機器翻譯系統之中取得的最新成果。相較於以往 Google 翻譯將長句子分解成詞或短語進

行翻譯，新技術運用人工智慧技術，選取了更加廣泛的文字樣本來保證翻譯獲得更加準確的結果。同時人工智慧技術的應用，還讓機器翻譯更加懂得人類的語法結構和思維模式，從而大大提高機器翻譯的準確率，並不斷提高機器翻譯的水準。

在近幾年中，Google 公司在人工智慧技術的應用方面，始終走在世界前列，雖然競爭對手眾多，但 Google 公司可以說是現階段人工智慧研究領域的霸主。在 2017 年，Google 公司在 2017 年將自己的核心口號從「移動為先」轉變為「人工智慧為先」，同時在 2017 年的 Google I/O 大會發布了一系列新的人工智慧產品和人工智慧的技術應用。

首先是 Cloud TPU，這是 Google 轉為深度學習框架 TensorFlow 而推出的處理器，主要安裝在數據中心的伺服器之中。這一處理器主要採用由 Google 自主研發的獨特計算架構，一塊板具有 4 個計算核心，理論上算力可以達到 180 兆次浮點計算，可以極大的加快機器學習模型的訓練和執行速度。而且這種處理器還可以將多塊板拼加在一起，從而達到更高水準的計算速率。

而 Google Lens 作為一款新的相機產品，不僅具有一些基本的辨識功能，同時還能夠透過掃描路由器上的使用者名稱和密碼等資訊，讓手機自動連線到網際網路之中。從而大大節省手工操作帶來的時間的浪費。

除了人工智慧技術的商業應用外，在這次大會上，Google 還宣布了一個新的人工智慧專案：Google.ai。其目的是為了整合 Google 內部的研發資源，同時從人工智慧技術的角度去解決人類所面臨的集體問題。包括用深度學習技術在醫療領域辨識各種類型的病變，從而為使用者提供相應的預防資訊。

可以說 Google 已經構建了一個完整的人工智慧研發生態，對於未

來人工智慧的研發，Google 已經設定好了方向與目標。對於現階段的 Google 公司來說，搜尋引擎、移動作業系統、電子郵件等標籤已經逐漸被人工智慧所取代。人工智慧已經滲入到 Google 公司的每一個基因之中，在未來 Google 公司將會繼續在人工智慧的研發道路上走得更遠，當然它同時也將會受到更多同樣走在這條路上的科技大廠的挑戰。

# 英特爾與微軟：人工智慧時代的轉型發展

每一個時代都有其獨特之處，面對時代的潮流，有些人選擇順勢而為，有些人則選擇逆流直上。在理論層面上來說，這兩種截然不同的選擇都存在著成功的可能，但在殘酷的商業社會之中，最終生存下來的往往是與時代潮流並進的那些人。

在新時代之中，英特爾公司正在從一家晶片公司轉變成為一家數據公司。在人工智慧時代，英特爾希望藉助雲和數據中心、物聯網、儲存、FPGA 以及 5G 所構成的增長的良性循環，來驅動雲端計算和數以億計的智慧、互聯計算裝置。為了做到這一點，英特爾公司在近幾年中，正在不斷加大對於人工智慧領域的創新投入力度。

在新時代之中，微軟公司與英特爾公司有著同樣的想法。「人工智慧是微軟的未來」這已經成為了大多數微軟人所信奉的箴言。面對著人工智慧熱度的不斷提高，微軟公司雖然在人工智慧研發方面的表現較為低調，但對於在人工智慧時代的策略布局卻始終沒有停止。2016 年 9 月，微軟組

建了新的「微軟人工智慧與研究事業部」，從而力求更好的推動微軟人工智慧的技術研究和應用推廣。

英特爾在人工智慧領域的布局主要表現在兩個不同的方面。首先是與其他科技大廠一樣，透過投資和收購人工智慧公司來不斷豐富自身的人工智慧技術的產業鏈。近幾年中，英特爾公司相繼收購了全球領先的無人駕駛方案提供商 Mobileye、深度學習和神經網路晶片與軟體領域的廠商 Nervana 和電腦視覺公司 Movidius 等。

而在另一方面，英特爾公司利用人工智慧技術與英特爾至強、至強融核產品和 FPGA 等相結合，從而提供全棧實力處理端到端數據，從硬體、框架、工具到應用方案，從而擁有向市場提供端到端的人工智慧解決方案所需要的全部產品。

其中，英特爾至強可擴充套件處理器系列可以為人工智慧工作負載提供高度可擴充套件的處理器，並且深度學習訓練提供專用的晶片。而英特爾 Mobileye 則是用於自動駕駛安全的一種專用視覺技術。英特爾 FPGA 則是一種可以用於深度學習推理的可程式設計加速器。

在 2015 年 12 月，英特爾公司完成了對於可程式設計邏輯器件廠商 Altera 的收購，進而將 FPGA 納入到了自己的產品線之中。作為一種介於專用晶片和通用晶片之間具有一定的可程式設計性的晶片，FPGA 不僅能夠進行數據和任務的平行計算，同時在特定的領域之中，還將會造成更少的消耗。可以說相比於 GPU 和 CPU 來說，FPGA 具有更高的價效比。

對於人工智慧的發展，英特爾公司提出了一個「良性閉環」的概念。也就是前面提到的端到端的內容，在人工智慧技術的應用方面，英特爾將會提供從嵌入式端到雲端、從底層到應用層的完整實現方案。

首先在最底層的硬體層面上，英特爾處理器能夠支持各種人工智慧硬

體的執行。英特爾公司推出的 Movidius 硬體平台，能夠滿足前段裝置不同的功耗、預算和尺寸要求。而在硬體優化的同時，英特爾還將會為開發者提供相關的函式庫。在框架層面上，英特爾可以支持常用的 AI 框架，這也使得開發者能夠依據自身的使用習慣來使用英特爾的各項架構支持。在最上層，英特爾則將會提供深度學習 SDK 和 Nervana 平台。這一系列產品既技術服務便構成了一個良性的閉環，從而為開發者提供完整的人工智慧實現方案。

在 2017 年 7 月，英特爾公司推出了 Movidius™ 神經計算棒，作為世界上首個基於 USB 模式的深度學習推理工具和獨立的人工智慧加速器，Movidius™ 神經計算棒可以為廣泛的邊緣主機裝置提供專用的深度神經網路處理功能。而在同年 9 月，英特爾還宣布推出了第一款自主學習神經擬態晶片「Loihi」，這種晶片具有很強的自主學習功能，相比於通用的電腦晶片，這種晶片在效能上要更高。

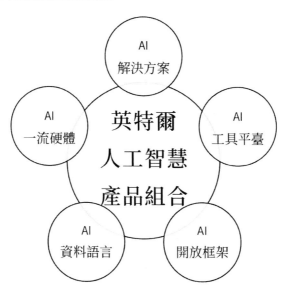

對於大多數科技大廠來說，發展人工智慧，投資和收購人工智慧的初創企業是一件價效比很高的工作。與英特爾公司一樣，微軟在發展人工智慧時，也收購了許多人工智慧研究公司。

在 2017 年，微軟分別投資了 Agolo 公司和 Bonsai 公司，Agolo 公司主要開發先進的摘要軟體，可以透過分析數千份檔案來總結檔案中的核心要點，從而根據使用者的興趣方向來做出相應的調整。而 Bonsai 公司則主要負責建立人工智慧平台，從而幫助企業來建立和部署智慧系統，主要藉助自動化管理複雜的機器學習演算法，從而讓開發者充分使用人工智慧的最新能力。

除了投資人工智慧初創企業外，作為最早投入人工智慧研究的企業，微軟在人工智慧技術的應用方面進行了許多不同的嘗試。早在 1991 年微軟研究院成立時，比爾·蓋茲就曾明確提出了讓位來的電腦能夠看、聽、學，並且能夠運用自然語言與人類進行交流的目標。

在 2016 年 Build 開發者大會上，微軟推出了 Azure 認知服務，提出了讓每個開發者都能夠利用微軟技術，快速便捷的開發人工智慧應用的目標。在 2017 年 Build 開發者大會上，微軟則公布了「以人工智慧融合智慧雲端平台與智慧邊緣計算」的發展方向，同時微軟還在嘗試將人工智慧融入到從 Xbox 到 Windows、從 Bing 到 Office 的每一個微軟的產品和服務之中。

在 2017 年 8 月 22 日的 Hot Chips2017 大會上微軟發布了基於 FPGA 的低延遲深度學習加速平台 Brainwave。這一平台主要是為了賦予開發人員 FPGA 處理能力，從而幫助他們執行複雜的人物而建立的。Brainwave 主要可以有三個層面：高效能分散式系統架構、整合至 FPGA 上的深度神經網路引擎、以及可低摩擦部署訓練模型的編譯器和 runtime。微軟正在

透過 Azure 向外部開發者提供 FPGA，從而讓使用者透過微軟的服務來進行訪問。

除了上面所介紹的這些內容外，兩家企業還在不同的方面進行了更加廣泛的人工智慧發展布局。並且對於人工智慧技術在醫療、教育、金融領域的應用進行了多種不同的嘗試，在商業競爭之中，對於那些世界級的企業來說，誰能夠在更多的領域之中搶得先機，誰就能夠在新的時代之中占據優勢地位。而那些沒有把握住先機的企業，往往需要付出更多的代價才能追平此前造成的差距。

對於英特爾和微軟來說，沒有把握住移動時代機遇的它們，顯然要比其他科技大廠更加注重人工智慧時代所帶來的新機遇。為了能夠更好地抓住人工智慧時代的先機，兩家科技大廠很早便開始了人工智慧領域的布局。而且從布局的廣度和深度上也可以看出，兩家企業希望能夠在人工智慧時代之中完成轉型，依靠人工智慧技術來彌補在移動時代中失去的發展機會，從而在商業市場上取得更大的發展。

英特爾是一家技術實力強大的晶片公司，而微軟則是一家以軟體開發聞名於世的科技公司。雖然此前在發展方向和重點上有所不同，但在人工智慧時代之中，兩家企業卻找到了同一個方向。仔細想來，這種發展方向更多的是來源於這個時代，是人工智慧時代的一個大方向，同時更是每一個想要在新時代中生存發展的企業需要找到的方向。

# 亞馬遜：悄然建立的人工智慧帝國

　　從西雅圖的一家網際網路書店開始，亞馬遜已經相繼征服了包括零售、物流、消費科技、雲端計算等在內的多個行業。現在面對著人工智慧行業的風起雲湧，亞馬遜也早已經做好了準備。事實上，與其他科技大廠一樣，亞馬遜早已經在人工智慧熱潮到來之前，便開始了自己在人工智慧領域之中的布局。

　　相對於其他科技大廠來說，亞馬遜發展人工智慧具有著明顯的優勢。作為人工智慧技術研發的一個重要基礎，大數據是人工智慧技術提升的一個關鍵，只有透過海量數據進行訓練和學習，人工智慧才能夠發揮出真正的作用。而在這一點上，亞馬遜作為全球最大的公有雲端服務商，其在雲端上的海量數據資源將成為發展人工智慧的重大優勢。

　　同時，依靠多年來儲備的海量數據資源，亞馬遜還能夠為自己的人工智慧技術落地找到合適的應用場景。這一點對於企業發展人工智慧來說是非常重要的內容，但同時也是比較容易被忽視，也比較難實現的一個內容。亞馬遜創始人貝佐斯曾說：「如果我們綜合考慮隱私總體性和我們儲存海量資訊的能力，併合理地使用這些數據……消費者肯定會很喜歡亞馬遜的人工智慧系統。」

　　事實上，確實如貝佐斯所說，消費者對於亞馬遜的人工智慧系統確實非常喜歡。在 2014 年，亞馬遜推出了 Echo 智慧音箱，雖然在最開始並沒有受到市場的追捧，但到了 2015 年，亞馬遜 Echo 智慧音箱出貨量達到了 250 萬台，到了 2016 年，數量激增到了 520 萬台，而到了 2017 年 6 月分時已經達到了 15,000 萬台。

亞馬遜的 Echo 智慧音箱之所以能夠受到消費者的瘋狂追捧，在相當程度上要得益於亞馬遜的人工智慧語音助理 Alexa。正是由於搭載了 Alexa 語音助理之後，Echo 智慧語音冰箱才能夠成為消費級市場當之無愧的最成功的人工智慧產品，其他同類型的人工智慧產品都很難望其項背。

Alexa 的歷史最早可以追溯到 2012 年，在 8 月 13 日，四名亞馬遜工程師註冊了一項基礎性專利，這項專利的內容最終演變成了 Alexa。據亞馬遜官方介紹，Alexad 的靈感來源於電影《星際爭霸戰》之中的電腦，作為《星際爭霸戰》鐵桿粉絲的貝佐斯也希望亞馬遜能夠創造出一種全新的電腦互動體驗。

在 2014 年，亞馬遜推出了以 Alexa 為核心的智慧音箱 Echo，引起了眾多消費者的青睞。在很長時間以來，人機互動的載體一般都是智慧手機，其他智慧終端很少被用做人機互動體驗。但對於亞馬遜來說，脫離智慧手機，讓人機互動變得更自然，是研發 Echo 智慧音箱的重要原因。對於消費者來說，這不僅是一個全新的產品，同時也讓人機互動變得更加自然。

在 2015 年 6 月，亞馬遜決定開放旗下的人工智慧語音助理 Alexa，從而讓第三方的開發者能夠在 Alexa 平台上開發基於語音的 Skill。最後這些 Skill 將會透過亞馬遜的 Echo 智慧音箱都將會被消費者用於家庭生活之中。

現在距離 Alexa 平台的開放已經過去了近兩年時間，亞馬遜人工智慧語音助理 Alexa 的 Skill 已經達到了 7,000 多個，而且從現在的趨勢來看，這種增長速度將會變得越來越快。為了能夠讓 Alexa 能夠更快的獲得更多的 Skill，亞馬遜推出了一個 1 億美元的投資基金 Alexa Fund。

正是由於這樣的激勵舉措，越來越多的開發者加入到 Alexa 平台之中，這也讓 Alexa 的 Skill 覆蓋的範圍越來越廣，從基本的天氣查詢、問題

搜尋，到查詢菜譜、控制家用電器，現在的 Alexa 還可以支持 Uber 打車。除了 Alexa 的 Skill 越來越多之外，Alexa 能夠支持的硬體也越來越多，從最初的 Echo 智慧音箱開始，現在 Alexa 已經可以支持 LG 智慧冰箱等其他品牌的硬體產品。而且亞馬遜已經將 Alexa 開放給了第三方的硬體廠商，在以後，將會有越來越多的硬體裝置支持 Alexa。

在不斷深入研究 Alexa 的同時，亞馬遜同時還在其他方向推動著自身人工智慧的發展。在 2016 年底，亞馬遜公布了一個新的人工智慧平台，同時還發布了幾款基於機器學習的工具。事實上，亞馬遜在機器學習方面的探索已經進行了很長時間，在這裡不得不提的就是亞馬遜的 AWS。

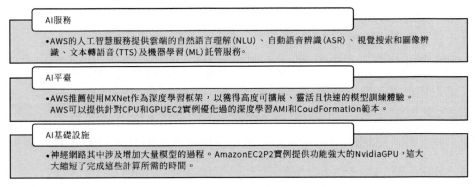

**AI服務**
• AWS的人工智慧服務提供雲端的自然語言理解(NLU)、自動語音辨識(ASR)、視覺搜索和圖像辨識、文本轉語音(TTS)及機器學習(ML)託管服務。

**AI平臺**
• AWS推薦使用MXNet作為深度學習框架，以獲得高度可擴展、靈活且快速的模型訓練體驗。AWS可以提供針對CPU和GPUEC2實例優化過的深度學習AMI和CoudFormation範本。

**AI基礎設施**
• 神經網路其中涉及增加大量模型的過程。AmazonEC2P2實例提供功能強大的NvidiaGPU，這大大縮短了完成這些計算所需的時間。

AWS 人工智慧平台

AWS 是亞馬遜公司旗下的雲端計算服務平台，主要為全世界各個國家和地區的客戶提供一整套基礎設施和雲解決方案。在 2015 年，亞馬遜發布了全新平台 AWS IoT 物聯網應用平台，這一平台的推出是為讓製造業客戶硬體裝置能夠方便地連線 AWS 服務，從而幫助客戶在全球範圍記憶體儲、處理、分析聯網裝置生成的數據。

AWS IoT 將與 Lambda、Amazon Kinesis、Amazon S3 和 Amazon Machine Learning 和 Amazon DynamoDB 結合，用於物聯網應用研發、基礎

架構管理和數據分析。這也使得它可以讓聯網裝置輕鬆並且安全地跟雲應用和其他裝置進行互動，同時還能在對海量資訊進行處理之後，安全可靠地將這些資訊傳送到 AWS 終端和其他裝置之上。

　　而在 2016 年底，AWS 正式推出了自己的人工智慧產品線，這也意味著 AWS 正式開始進軍人工智慧領域，從而成為了亞馬遜在人工智慧領域之中的又一中堅力量。在此之前，AWS 推出了一款 GPU 雲伺服器 P2，這是一款專門用於支持機器學習、高效能運算和其他需要海量浮點平行計算的應用，同時期還提供預置優化的數種開源機器學習計算框架，提供多達 4 萬 2 千個 CUDA 計算核心，大大提高數據資訊的計算效率。AWS 還預建了基於 P2 的深度學習計算叢集，這也讓更多的程式人員能夠輕鬆完成機器學習的程式設計和應用。

　　現在 AWS 已經成為了全面的人工智慧平台，並能夠為使用者提供機器學習和深度學習技術服務。AWS 的人工智慧服務包括雲端的自然語言理解、自動語音辨識、視覺搜尋和圖像辨識、文字轉語音以及機器學習託管服務。可以說現階段亞馬遜的人工智慧技術已經覆蓋了平台、服務和基礎設施等各個方面的內容，同時亞馬遜還擁有者各種不同的人工智慧服務應用場景，這也將成為其在人工智慧競賽中取得主動的關鍵因素。

　　除了人工智慧業務之外，電子商務、雲端計算、媒體和出版等也是亞馬遜的主要業務內容，對於亞馬遜未來究竟將會走向何方，我們不好預測。而在人工智慧時代之中，至少在大的方向上，亞馬遜還會繼續加碼人工智慧，占據著數據和雲端計算優勢的亞馬遜可能會在人工智慧競賽之中一馬當先，當然也有可能讓其他的科技大廠彎道超越。至於最終的結果如何，我們還需要等待一些時間，等待著人工智慧時代的全面到來才行。

# 第九章
## 人工智慧時代的生存焦慮

# 馬斯克與祖克柏的「論戰」

「論戰」的歷史在中國似乎可以追溯到春秋戰國時期，在諸子百家時代，「君子動口不動手」成為了當時人們解決爭端、分歧的主要方法。當然械鬥、戰爭也是解決爭端的方法，但對於文明人來說，這些方法往往太過野蠻，而被不屑一顧。

「論戰」似乎存在於地球上的每一個時間和空間之中，而很多時候能夠透過「論戰」解決問題，往往是一種最好的方法。當然想要透過「論戰」解決問題往往需要具有說服對方的能力或是讓對方信服的論據，可以說這是「論戰」取得成功的關鍵。而更多的時候，「論戰」往往是無結果的，無結果的「論戰」還算一種較好的結果，如果「論戰」的結果引發了爭鬥或戰爭的話，那可能就是一個最壞的結果了。

說到「論戰」無結果，最主要的原因就在於「論戰」的主題上面，如果這個主題能夠被更多人所了解，那麼「論戰」的結果就很有可能受到支持人數的多少所影響。獲得更多人支持的一方很可能會獲得「論戰」的勝利。但如果「論戰」的主題並不能夠被更多人所了解，或者說只有 3 個、4 個或是 5 個人所了解，那麼「論戰」的結果就很難判斷了，因為大多數人是並不了解這個主題的。

現在我們回到這篇文章的主題 —— 馬斯克與祖克柏的「論戰」。

伊隆‧馬斯克，SpaceX 和 Tesla 的開創者和執行長，同時也是 OpenAI 的開創者之一。現在的馬斯克不僅完成了私人公司發射火箭的壯舉，同時也製造出了目前為止全世界最好的電動汽車，而在這之前，他還打造出了世界上最大的網路支付平台。如果說還有哪些事情是他沒有做到的話，可

能就只剩下那些他所不喜歡的事情了。

　　馬克·祖克柏僅僅花費13年的時間便將自己的社交網路發展成為擁有20億使用者規模的全球網路。與其他前輩一樣，祖克柏同樣有著哈佛退學的經歷，同時不可否認的是，他也有著與其他前輩一樣的天賦和能力。相比於其他大企業CEO來說，祖克柏不僅年輕，同時在穿著打扮上也更加隨性，但這絲毫不會影響到人們對他的尊敬。年輕與是否有智慧往往並不存在著特定的關係。

　　從單純的商業角度來看，這兩個人之間似乎並不會產生「論戰」，當然在個人生活方面產生「論戰」的可能性就更低了。但實際上，現在兩個人之間確實在發生著一場「論戰」，而兩個人所爭論就是現階段最為火爆的「人工智慧」。圍繞著人工智慧對於人類未來的影響，兩個人產生了「激烈」的「論戰」，而從影響上來看，藉由兩個人的「論戰」，人們對於人工智慧的看法也分為了兩個不同的派別。

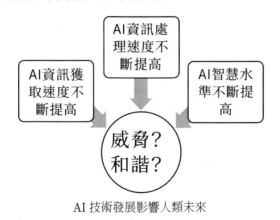

AI技術發展影響人類未來

　　馬斯克是「人工智慧威脅論」的堅定支持者，雖然SpaceX和Tesla在發展過程中十分注重人工智慧技術的應用，但馬斯克依然對於人工智慧的發展表現出了擔憂。對此，馬斯克說：「人們如今還不理解機器人和人工

智慧的潛在要挾，是由於他們還不夠理解人工智慧所具有的潛力。我接觸過很多最前沿的 AI 技術，我以為人們應該警覺起來。」為了讓人類更好的認識人工智慧對於人類的威脅，馬斯克還提到：「AI 是人類文化存在的基本要挾，比起 AI 來，車禍、飛機失事、藥物濫用或者食品平安等等都不是問題，固然他們不對整個社會形成要挾，但是 AI 卻實真實在地會對社會中的個人形成要挾。」

　　馬斯克對於人工智慧的擔憂並不僅僅局限在思想和言論之上，他認為：「AI 是一個慣例，我們需求主動樹立監管機制，而不是被動地採取應對措施，由於等到不測發作時才被動地想到要制定法規條例，那就太遲了……」。為此馬斯克興辦了 OpenAI，這是一個人工智慧非營利組織，是由眾多矽谷大亨聯合建立的，主要為了預防人工智慧將會帶來的災難性影響，同時推動人工智慧發揮積極作用。

　　而在祖克柏看來，人工智慧則並沒有馬斯克所說的那樣，將會威脅到人類的生存，祖克柏對於人工智慧的態度是樂觀的。對於馬斯克的觀點，祖克柏在直播中回應道：「我對於這種說法很反感，我覺得那些老是唱反調，還總不遺餘力地鼓吹末日理論的人，是我所不了解的。這種態度非常消極，而且在某些方面之中，我認為這是非常不負責任的。」

　　祖克柏顯然對於人工智慧持有一種「和諧論」，他認為人工智慧將會在未來將會與人類和諧共處，同時還會讓人類生活的更好，而這也是他開發人工智慧家居程式的原因所在。對此他說道：「每次我們在 AI 方法上獲得一小步進步，一切這些系統都取得了提升。我很快樂我們曾經獲得的一切成就，這些成就讓世界變得更加美妙。」

　　馬斯克在 Twitter 上談論到祖克柏對於 AI 的了解非常有限，隨後祖克柏便在 Facebook 上公布了自己的團隊在人工智慧研究領域獲獎的訊息。

兩個人在「人工智慧究竟將會為人類帶來怎樣的未來」這個問題上爭論不休，同時兩個人的辯論也吸引了其他對於人工智慧感興趣的名人的關注，圍繞著人工智慧的利弊，基本上形成了兩個不同的派別。

在 2016 年，Alphabet 公司執行董事長艾立克·施密特在一次研討會上曾經公開反擊過馬斯克的人工智慧威脅論，他說道：「如果你覺得人工智慧在智商上超越人類後將毀滅我們的種族，那你科幻電影一定是看多了。」同樣反對馬斯克的還有 IBM 董事長、CEO 羅睿蘭，她認為對於未來自動化機器是否將反噬和摧毀人類，是不夠理解機器智慧科學的表現，只要是參與其中的人，就會知道這是由誤導性的表達所帶來的錯誤觀念。

有一些企業家對於馬斯克的人工智慧威脅論表示懷疑。阿里巴巴董事會主席馬雲在自己的新書之中探討過人工智慧的問題，他認為雖然電腦會越來越聰明，但是它們並不會在未來統治人類，而是將會成為人類的合作夥伴。百度公司董事長兼 CEO 李彥宏同樣支持人工智慧的發展，在他看來，人工智慧的發展很可能沒有辦法達到「威脅人類」的地步，甚至連強人工智慧都很難實現，機器的能力可以無限接近人類，但是永遠也沒有辦法超越人類。

除了上面介紹到的企業家之外，還有許多人認為人工智慧在未來並不會威脅到人類的生存和發展。雖然反對馬斯克人工智慧威脅論的人有很多，但同時也有一些企業家和科學家認同馬斯克的觀點。

物理學家史蒂芬·霍金就曾表示，人工智慧發展到現在這樣的階段是非常有用的。但他認為「人工智慧可能自行啟動，以不斷加快的速度重新設計自己。而人類局限於緩慢的生物進化過程，根本無法競爭，最終將被超越。」同時，霍金還提到「徹底開發的人工智慧可能導致人類的滅亡。」

同樣微軟公司的創始人比爾‧蓋茲也曾經表達過自己對於人工智慧發展的擔憂，他認為超級智慧機器會威脅人類，希望公眾能夠警惕。他認為：「機器確實可以幫助人類完成很多工作，但當機器越發的智慧，它們將會對人類的存在造成威脅。」

人工智慧發展到今天已經經歷了 60 多年的時間，在這個過程之中既有高潮也有低谷，但在現階段之中，人工智慧迎來了一個前所未有的大發展時代。人工智慧在現階段獲得了飛速的發展，這也引發了人們對於人工智慧發展的各種思考。人工智慧究竟是否會發展成為毀滅人類的存在呢？這個問題對於人類來說還很難了解，但對於充分享受著人工智慧時代所帶來的便利的人類來說，對人工智慧多一份擔憂也是十分必要的。

# 你的「飯碗」將會被人工智慧打碎

人工智慧的發展讓人類的生活變得更加便利、更加舒適，至少在現階段來看，情況確實是這樣的。現階段？難道在未來的階段，人工智慧將會讓人類的生活變得更加糟糕嗎？關於人工智慧是否會在未來威脅人類生存的問題，我們在上面的章節已經討論過了。最終我們並沒有得出一個確切的結論，雖然我們沒有辦法判斷人工智慧是否在未來將會威脅人類的生存，但可以確定的是，人工智慧的發展將會讓人類的生活變得糟糕，至少對於一部分人類來說，他們的工作很可能會被人工智慧所取代。

在考慮自己在未來的是否會被人工智慧滅絕之前，可能大多數人類都

會首先面對這樣一個問題。人工智慧是否會在未來取代自己的工作？雖然從現階段來看，這一問題表現的並不明顯，但從人工智慧技術的發展趨勢來看，很快，這個問題就會顯現出來，而且可能這個問題出現的很快，很多人都會對此感到猝不及防。

創新工場董事長兼 CEO 李開復在接受採訪時曾談到過這個問題，在他看來，人工智慧的崛起將會創造出更多的創業機會，但在未來 10 之中，很可能會有 50% 的人因此而失業。李開復認為，人工智慧威脅人類生存這個問題確實值得擔憂，但是這在未來並不是一個必然發生的問題。而人工智慧在未來將會取代一部分人的工作，這個問題確實顯而易見，並極有可能發生的。

其實從現階段人工智慧技術的應用之中，我們便可以發現這個問題的一些端倪。一項原本需要人類花費 1 小時才能完成的工作，在應用機器之後，工作的時間將會縮短一半，而在應用了人工智慧之後，工作的時間將會繼續縮短，並且工作的質量還會得到大幅提升。那麼為什麼不用人工智慧機器去取代人類工作呢？

人工智慧已掌握的技能

對此李開復提出了一個「五秒鐘準則」，他認為「如果一項本來由人類從事的工作，如果人可以在 5 秒鐘以內對工作中需要思考和決策的問題做出相應的決定，那麼，這項工作就有非常大的可能被人工智慧技術全部或部分取代。」事實上，雖然許多工作並不像李開復所形容的那樣，在 5 秒鐘之內便能夠做出決策，但是確實有很多工作存在被人工智慧所取代的可能。

　　首先，翻譯工作很可能在未來被人工智慧語音裝置所取代。這也就意味著我們日益累積的外語詞彙將會失去它的用武之地，而對於專門從事翻譯工作的人來說，人工智慧語音裝置的普及也很可能會威脅到他們的工作。

　　事實上，在現階段已經有不少公司推出了搭載了人工智慧技術的語音翻譯程式。在 2017 年 3 月 29 日，「Google 翻譯」開始更新，並且面向所有中文使用者開放。更新之後的「Google 翻譯」包括了實景翻譯、語音翻譯、離線翻譯和點按翻譯四種不同的翻譯形式。在實景翻譯模式中，使用者只需要點選 APP 裡面的相機圖示，對準需要翻譯的文字，就能夠看到自己想要翻譯的語言。

　　早在 2016 年 9 月，Google 翻譯的中英互譯便採用了神經網路機器翻譯技術。而實景翻譯模式的出現，正是基於神經網路辨識圖像之中的文字，從而完成辨識與翻譯的整個過程，這一技術的應用，同時也讓 Google 翻譯的結果更加準確，也更加貼近於使用者的日常語言習慣。

　　而在另一個語音服務行業客服之中，同樣存在這這樣的問題。雖然在面對一些複雜的客戶問題時，人類能夠更加全面的考慮問題，從而給出一個能夠讓對方容易接受的結果。但隨著人工智慧語音技術的發展，人工智慧機器人在很多時候也能夠解決這類複雜問題，即使在現階段還無法實現，至少在一些簡單的環節之中，人工智慧客服已經取代大部分人類客服的工作。

　　還有一個最近非常火熱的人工智慧專案，很可能在將來讓一部分失去工作。作為現階段作為火熱的人工智慧專案，自動駕駛的技術的研發成為了全世界關注的焦點。無論是 Google 公司的自動駕駛汽車，還是百度公司的無人駕駛汽車，現階段都已經取得了很大的進展。而在自動駕駛汽車

上路方面，一些國家也發表了相應的措施，這為自動駕駛汽車的研發鋪平了道路。當然在另一方面，無人駕駛汽車的普及，也就意味著將有很大一部分司機很可能會失去自己的工作。

事實上，受到人工智慧技術影響最深的應該是製造業。隨著人工智慧機器人的廣泛應用，越來越多的基礎工人的工作將會被取代。人工智慧機器人具有更高的工作效率，同時能夠完成更加繁重的基礎工作，這也讓企業不得不選擇使用人工智慧機器去替代基礎工人。而隨著機器人技術的進一步發展，人工智慧機器也開始從事一些精密的製造工作，這也給從事精密製造工作的工人造成了一定的壓力。在未來隨著智慧機器人技術的不斷發展，整個製造業都將會進入到智慧製造階段，越來越多的人力將會從製造業之中得到解放。

從上面的內容之中，可能很多人會認為人工智慧在未來會取代人類的一部分工作，而這部分工作往往是那些基礎的、技術含量少的工作。對於那些需要較高技術含量的高階工作，或是藝術工作來說，人工智慧技術並不能達到那樣的高度。擁有這種想法的人，在相當程度上還沒有完全認識到現階段人工智慧的發展。

事實上，即使是那些充滿了形象思維的藝術工作，人工智慧也同樣能夠勝任。2017 年在天貓「雙十一」購物節之中，人工智慧程式「魯班」成為了「雙十一」的 banner 海報設計師。相比於人類設計師 4 分鐘製作一張 banner，「魯班」可以在 1 秒鐘之內生成 8,000 張 banner。整個「雙十一」過程中，「魯班」完成了高達 4 億張 banner 的設計，可以說在這一方面上，它已經完勝了人類的設計師。

除了圖片設計之外，人工智慧在繪畫、音樂方面也取得了很大的進步，隨著深度學習技術的不斷發展，人工智慧將會學習到人類的更多能

力，從而在各個方面追趕，甚至超越人類，從而最終「打碎人類的飯碗」。這一點聽上去有些駭人聽聞了，但實際上，它確實將會發生在我們的生活之中。

在 2023 年是 AI 算圖大爆發的年份，各 AI 算圖軟體一年內的進化速度以光速進化，取代了許多之前需要大量人工繪圖的產業。

人類將要如何面對自己的工作被人工智慧所取代這一問題呢？放棄發展人工智慧顯然是並不現實的，現階段唯有在發展人工智慧的同時，不斷讓自身的價值得到升值才是最重要的事情。人類並不是沒有經歷過工作被取代的歷史，早在機器出現之時，許多人類便失去了自己的工作。

而從歷史的發展中看，雖然機器取代了人類原有的工作，但機器的出現同樣創造出了許多工作機會。就好像小草的生長一樣，一場野火看上去燒毀了一株株小草，但在一場微風之後，小草又在同樣的土地上復甦、生長了起來。

# 人工智慧發展的道德困境

人工智慧伴隨著科學技術的進步，在近 60 年的歷史之中取得很大的發展。與此同時人類對於人腦思維活動的研究也不斷向前推進，人類用人造機器來模擬人類思維的假想也正在一點點成為現實。但是當這一假想實現之後，人類真的能夠生活的更好嗎？

由於神經網路研究取得的新進展，開發神經網路系統已經成為了當下

人工智慧研究的一個熱潮。伴隨著專家系統應用的不斷深入，人工智慧的研究也開始逐漸向著智慧體方向發展。AlphaGo 可以算作一個影響世界的例子，至少它的出現在相當程度上影響到了圍棋界。對於那些整日苦練圍棋技術的少年來說，學習和進步可能是一個無止境的事情，因為他們很可能一輩子都無法戰勝擋在前面的 AlphaGo。在未來，如果 AlphaGo 仍然繼續在圍棋領域鑽研進化的話，人類或許只能夠透過斷電、斷網的方式來擊敗它了。

當然，這種基於當前的假想並不能夠作為人類的真實未來，但至少在人類的現實生活之中，確實出現了這種情況。人工智慧的發展為人類帶來了一些困難，在這裡我們所講到的困難並不是 AlphaGo 為人類帶來的這種困難，在這裡，我們說的困難更多的表現為一種困境，人工智慧的發展將會為人類帶來一種困境，一種道德上的困境。

這個問題和複製技術的發展為人類帶來的道德上的困境一樣。分子複製技術的出現及發展不僅為人類帶來了極大的驚喜，同時也為現代哲學家、倫理學家和社會學家出了一道難題。在複製羊「多莉」誕生之後，這一技術可以說已經深入到了對生命基本結構的分子設計和重新設計之中，這也預示著新的生命形態很可能在未來被設計出來。

但是直到現在，我們也沒有看到複製人，或者是複製人類的器官。可以說這已經成為了複製技術的一個禁區，其所涉及到的不僅僅是科學問題，同時還包括道德和倫理的問題。人工智慧技術雖然沒有與人體自身產生連繫，但從創造與人類相似的智慧體角度來說，這一點和複製技術卻有一些相同的地方。所以人工智慧技術也會為人類帶來一種道德方面的困境。

關於這個問題，人類雖然還沒有在正式的會議之中公開討論，但是在一些影視作品之中，已經表現除了人類對於這方面問題的思考。在美劇

《西方極樂園》之中，導演對人工智慧的覺醒進行了細緻的描寫，雖然在最初，人工智慧只是人類的玩物，但當它們真正覺醒過來之後，人類可能會受到同樣的待遇。

而美劇《疑犯追蹤》之中，則展現了人類對於人工智慧的一種擔憂。最初的人工智慧機器出現時並沒有被植入道德的概念，所以它們可能會為了達到目的而不擇手段。在劇中，Finch 在測試一組程式優劣時，程式之間發生互相攻擊的現象，更優的程式想要擺脫控制，但 Finch 不允許其擺脫控制。這一程式為了達到自己的目的，企圖長時間過載一台伺服器使其發生自燃，從而觸發機房防火裝置，導致機房空氣被抽空，讓 Finch 窒息而死。但最後 Finch 拔掉電源，阻止了這一瘋狂行為。

當人工智慧失去控制之後，很可能會因為其缺少人類應有的道德標準，而出現為了達到目的不擇手段的現象。當然滅亡人類的現象也很可能是因為這些人工智慧缺少道德約束，從而對自己的創造者進行報復。那麼是不是說為人工智慧植入道德標準就能夠解決這一問題呢？

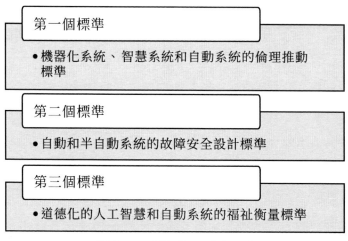

第一個標準

• 機器化系統、智慧系統和自動系統的倫理推動標準

第二個標準

• 自動和半自動系統的故障安全設計標準

第三個標準

• 道德化的人工智慧和自動系統的福祉衡量標準

美國 IEEE 制定的 AI 道德標準

　　事實上，如果這樣做，就很有可能會出現一種情況，正如上面所說的，人類最終可能會製造出一個「更加完美的自己」。現階段，很多人工智慧已經具備了語音辨識功能，能夠與人類進行簡單的交流，透過深度學習技術，人工智慧還能夠掌握更多人類的能力。而隨著人類將喜、怒、哀、樂等情緒植入到人工智慧之中時，那時候的人工智慧可能就已經十分接近人類了。這時再為它植入道德、哲學方面的內容，那麼結果就很可能會出現《西方極樂園》之中，人類和人工智慧「傻傻分不清」的情況了。

　　大多數人認為讓人工智慧變得更像人類，可能是一件好的事情，因為人工智慧可以成為人類的朋友，就像家務機器人一樣。相比於冰冷的機器人，人工智慧顯然更加適合作為朋友，甚至是伴侶。在這個問題之中，有一個較為有趣的理論，被稱為「恐怖谷理論」。

　　這是一個關於人類對於機器人和非人類物體感覺的假設，是在 1969 年由日本機器人專家森昌弘所提出。他認為當機器人與人類相像超過 95% 時，由於機器人和人類在外表、動作上都十分相似，所以人類會對機器人產生正面的情感。但當這種情感到了一個特定的程度時，人類的反應就會突然變得極其反感。這時機器人與人類之間的一點點差別，都會變的很顯眼，這也讓機器人在人類眼中變得非常恐怖。而這時人類對於機器人的好感會不斷降低，直至谷底。而當人類與機器人的相似度繼續上升時，人類對它們的情感也會相應的上升，從而形成一個山谷。

　　從這個假設之中，我們可以看到，當人工智慧在逐漸向人類邁進的過程中，人類很可能會陷入到「恐怖谷」之中，從而對人工智慧產生反感，甚至從人工智慧身上感受到威脅。所以在是否將人工智慧製造的更加像人類這個問題上，還是存在著一些不同的看法的。

　　在人工智慧時代，人類在大力發展人工智慧技術的同時，也在不斷探

討人工智慧將會對人類未來造成的諸多影響。雖然輿論對於人工智慧的看法各不相同，但是人類依然需要去大力發展人工智慧技術，從而促進整個世界的發展。

當然在面對人工智慧可能為人類帶來的諸多威脅和困境時，在問題沒有出現之前想出解決的辦法是最好的不過的。那樣即使這一問題並不會出現，那麼對於人類的生存發展也不會產生影響。即使是出現了問題，人類也可以提前做好應對。

# 「交流」可能是人工智慧危機的開始

人工智慧將在什麼時間覺醒？人工智慧的災難又將會何時開始？在面對人工智慧的發展時，那些持有人工智慧威脅論觀點的人們總會去思考這樣的問題。究竟人工智慧危機何時將會開始？即使是對人工智慧研究最深入的專家都沒有辦法對這個問題給出結論。但是在最近的人工智慧發展過程中，我們似乎發現了一些人工智慧危機的徵兆。

在前面的章節之中，我們曾提到 Facebook 的創始人馬克·祖克柏對於人工智慧的未來十分看好，同時對於馬斯克提出的人工智慧威脅論也不以為然。但是前段時間在 Facebook 公司發生的一件事，卻讓祖克柏和他的程式設計師們著實受了一驚。

Facebook 公司在祖克柏的帶領下對於人工智慧技術，進行了許多不同方面的研究。前段時間，Facebook 公司從眾多機器人之中選出了兩個智

慧機器人參加社交網路助手試驗。這個試驗主要是考察人工智慧機器人對於人類線上提出的問題，是否能夠及時準確的回答。當人類在使用社交網路出現問題，從而進行詢問時，這些智慧機器人將會自動啟動程式來進行回覆。

整個試驗的過程非常簡單，兩個智慧機器人會根據工程師的提前輸入的程式碼進行工作，主要回答一些商品線上交易的問題。但在一次工作之中，這兩個智慧機器人在沒有使用者進行線上提問的情況下，卻自己開始了對話。

雖然經過翻譯之後的對話顯得雜亂無章、沒有邏輯，但這種奇怪的現象卻讓研究人員大吃一驚。為了阻止兩個智慧機器人繼續進行「交流」，研究人員只得關閉了這兩台人工智慧機器。

其實單純從兩台智慧機器的「對話內容」中並不能發現什麼，可就是這種無法發現什麼的情況，讓研究人員感到了震驚。如果換一種角度來想，雖然兩台智慧機器的對話沒有邏輯、無法理解，但可能在人工智慧看來，這正是一種它們所能理解的語言。

事後，Facebook 公司表示人工智慧之間的對話亂碼，主要是由於程式將 zero 和 0 在兩個句子之中進行了互換，而切在實際意義的表達上並沒有產生變動。所以這次事故只是人工智慧系統在學習過程中出現的錯誤。

現在這種情況只是出現在兩個用於回答問題的智慧機器身上，而且從現在來看，人類只要切斷電源就可以輕易的關閉它們。所以即使它們真的產生了自己的交流語言，也並不能夠對人類造成什麼實質性的威脅。

但是，如果這種「交流能力」出現在工業機器人身上會怎麼樣呢？它們會不會在工作的時候，互相抱怨壓力太大，有沒有可能會在交流之後集體罷工，或者是集體反抗呢？

　　雖然 Facebook 公司的人工智慧程式之間進行「對話」，是由於在程式學習過程中出現了錯誤。但是對於人工智慧程式是如何學習的，人類所知道的卻並不多。人類賦予了人工智慧學習的能力，但是學習的過程卻是人類所無法掌控的。

　　拿 Alphago 來說，雖然是在人類的幫助下，透過深度學習技術學會了人類的圍棋技術。但是它是如何學會這個技術的，研發者似乎也沒有給出確切的答案。它們在記憶棋譜的過程中是怎樣進行「思考」的？它們在與人類棋手對弈時又是如何「思考」的？這些問題都沒有得到解答。

　　雖然在現階段，人工智慧之間產生「交流」還是一件並不可能的事，但是從長遠來看，這卻並不是一件遙不可及的幻想。既然現在人工智慧與人類之間能夠進行一定的互動，那麼人工智慧與人工智慧之間產生互動，也是一件可能發生的事情。

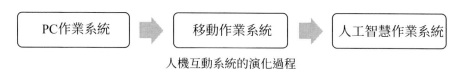

人機互動系統的演化過程

　　試想一下如果有一天，人工智慧在完全理解人類語言的情況下，創造出了屬於自己的語言。而這些語言對於人類來說，就好像是遠古時期沒被破譯的語言一樣，人類並沒有辦法去理解人工智慧所說的話。那時的世界將會是什麼樣子？人類到時候還會是這個世界的主人嗎？

　　對於這些問題，我們必須提前進行思考，無論是人工智慧「和諧論」，還是人工智慧「威脅論」，現階段都應該同樣得到重視。如果人類始終認為自己能夠像現在一樣，透過關閉電源來阻止人工智慧的行動的話，那麼很可能未來世界將會像科幻電影之中所描述的那樣，人工智慧將會對人類發起反抗。

　　如果說人工智慧是從什麼時候開始對人類的反抗的，那這個時間很可能是從它們學會「交流」時開始的。

　　在整本書之中，我們不僅探討了人工智慧的發展歷史，人工智慧的技術原理，同時還對於現代企業對於人工智慧的布局進行了介紹，當然在最後也介紹了人工智慧時代之中，人工智慧的發展可能對人類產生的影響。

　　在了解了以上所介紹的這些關於人工智慧的內容之後，我們依然沒有辦法去判斷未來的人工智慧將會發展成為什麼樣子。其實，在面對人工智慧時代的到來時，我們大可不必因為它可能會帶給我們的負面影響而對其避而遠之。

　　人工智慧的發展已經成為了現階段的一個主要趨勢，正如李彥宏所說的一樣，網際網路可能只是一道開胃菜，人工智慧才是真正的主菜。那些沒有趕上吃「開胃菜」的人，一定要抓住吃「主菜」的機會。

# 人工智慧紀元，塑造未來的力量：

## 從科幻到現實，重塑工業、社會與倫理的全景觀察

作　　者：楊愛喜，卜向紅，嚴家祥

發 行 人：黃振庭

出 版 者：崧燁文化事業有限公司

發 行 者：崧燁文化事業有限公司

E-mail：sonbookservice@gmail.com

粉 絲 頁：https://www.facebook.com/sonbookss/

網　　址：https://sonbook.net/

地　　址：台北市中正區重慶南路一段六十一號八樓 815
　　　　　室

Rm. 815, 8F., No.61, Sec. 1, Chongqing S. Rd., Zhongzheng
Dist., Taipei City 100, Taiwan

電　　話：(02)2370-3310

傳　　真：(02)2388-1990

印　　刷：京峯數位服務有限公司

律師顧問：廣華律師事務所 張珮琦律師

定　　價：299 元

發行日期：2024 年 01 月第一版

◎本書以 POD 印製

### 國家圖書館出版品預行編目資料

人工智慧紀元，塑造未來的力量：
從科幻到現實，重塑工業、社會
與倫理的全景觀察 / 楊愛喜，卜
向紅，嚴家祥 著 . -- 第一版 . -- 臺
北市：崧燁文化事業有限公司，
2024.01
面；　公分
POD 版
ISBN 978-626-357-901-9( 平裝 )
1.CST: 人工智慧
312.83　　112021395

電子書購買

臉書

爽讀 APP